U0114322

撥霾轉型

向鴻海富士康與
德州儀器學經營

劉克琪 著

 博客思出版社

TI 高階同袍見證推薦！

　　這是一本精彩絕倫的好書，理論基礎紮實，但是筆者並不賣弄，卻是以豐厚無比的實務，建構出宏偉的整體系統，道出鴻海如何成就霸業。對製造業甚至管理類的著作，我不曾讀過類似的書籍，也很難想像誰能寫出這麼深刻、實際又內幕的整體論述。原因很簡單，因為幾乎每一個段落都是鴻海富士康和TI（Tesxas Instrumenst德州儀器）真實驗證的結果，這絕非學者深研所能企及的。

　　先說我和劉克琪先生的淵源，這樣就很容易瞭解，他為什麼會找我這個無名之輩寫序，也更容易體驗本書的精髓。

　　劉克琪先生服務TI品保部十五年，我比他早三年進TI，在我十八年裡的最後五年，我們共同推動了SPC（Statistical Process Control）製程品管。我當時是四個製造部經理之一，銜命主推兩大部門之一的SPC，這個特別IC封裝測試部門，有十三種產品線，一千多名員工，其中一種就涵蓋了44PIN到569PIN數百個型號，各類奇形怪狀封裝方式的產品。劉克琪先生則是在中興大學MBA進行他以SPC為主的碩士論文。這時TI已完成了6標準差的全球全員教育（間接人員），但是那是五整天的課程，太多統計理論和導公式的內容。劉兄則是完全建立了實務性的SPC系統。我成立了六個SPC小組，都是跨功能的組合，工程、維修、製造、品保等等。劉兄負責理論、教課和對疑難雜症的諮詢。他教我們如何尋找特性要因來做SPC管制項目，也因此特別開了田口式實驗計畫的講堂，對於如何採樣及採樣計畫（Sampling Plan）都以實際產品及生產現況為例，詳加說明，然後以一些公式如NORMALITY Test等去驗證是否常態分配。例如抽樣需抽在變異大容易出錯的地方，取樣時需避開特殊狀況，如用餐時管路

氣壓最強等等。對特殊的產品則提出了 Slant Chart（適合模具消耗）的方法。對已具成效的管制則降低採樣數和頻率，比如從每天三次改為每週一次並以Moving Range Chart管制，以求人員和資產效率最大化。這些都是本書精髓骨幹P＆AE的一種具體呈現。我是執行力很強的那種人，我倆搭檔下來，三年有成，例如幾百台打線機Cpk都在1.67以上，幾百台形形色色的測試機都納入SPC管制。客戶如IBM及總公司的專家都嘖嘖稱奇，譽為生平僅見的最佳SPC。

台灣產業界許多高層人員都是TI出身，最有名的是張忠謀先生，我還記得廿多年前，張先生請我的長官推薦TI的人員，他覺得TI的Engineer很好用。其實我服務的朋程科技（算五十億以下的中小企業），從董事長盧明光先生（也是中美矽晶、環球晶圓集團的掌門人）、副董事長我、總經理以及僅有的兩位副總經理，通通都是TI出身的。朋程的主力產品是最簡單的二極體，用在汽車發電機上。品質上，是在引擎近旁承受225℃的高溫，跑個十萬公里以後，保固不良品（Warranty Return）連續四年以上，都在0.4 DPPM（百萬分之0.4不良）以下。若是少了這段TI SPC的學習和成長，實在還很難達成如此品質目標。

對本書而言，其實以上皆是前菜，許多人談和做6標準差，但是能在產品和製程控制做到的已經很不容易，至於本書闡述則是擴大至6標準差的整個管理系統，而且是成功印證的鴻海富士康的實務運作，這就真的是鳳毛麟角了。再以郭台銘先生的策略＋執行力為主軸，以這種可高可廣的堅實基礎為骨幹，無怪乎成就了今天的霸業，未來甚至將有更驚奇的傲世之作，從本書末郭台銘先生的接班條件看來，接班人難覓，大概只是少數的隱憂之一了。

1995年7月郭台銘先生告訴劉克琪先生，要接國際級訂單，就要有國際級的系統，TI是世界級的公司，請他以此根基協助鴻

海。劉兄只是鴻海諸多人才之一，但是郭先生求才若渴，在此之前請劉兄到鴻海講課時，就多次以座車親身接送（書中並未提及）。另外在打硬仗之前，趨至劉兄面前鞠躬握手，如此紆尊降貴，教人不賣命也難。九年品質總監及總共十六年埋鍋造飯參與戰役下來，他也不負君命終有回報。

本書以P&AE（People & Asset Efficiency）為領，eCMMS（e Commerce, Component, Module, Move）一條龍為綱，廣泛又深入的探討了整個公司的營運，廣泛甚至涵蓋了轉型升級、全球化營運管理系統、策略與購併、BU經營、系統設計規劃、資源管理和面對美國重振製造業等等。深入則可遍佈每個章節，例如探討TI有品質的經營模式，先舉綱目：1、定期檢討TAM SAM Suspect Sales Real Revenue 以及多少收益來自核心競爭能力。2、挑選匹配客戶、定義產品。3、定出營運目標。4、做 SWOT。5、產品開發藍圖及銷售、技術發展和供應商規劃。6、方針展開及資源規劃。7、落實TQC含執行力與績效檢討，及持續P-D-C-A。然後對每個項目詳加探索，有些還可以往下展開兩三層的細述。而且常以國內外諸多有名的大公司為例，旁徵博引、簡潔明快的引用對比他所強調的項目，舉凡亞馬遜、沃爾瑪、阿里巴巴、華為、蘋果、谷歌、小米、微軟、諾基亞、明基、宏碁、仁寶、台積電等等，好的不吝擊節讚賞，不好的針砭準頭、力道十足，夠直言無諱，讀來過癮。對鴻海富士康失敗的例子也照樣痛加檢討，如轉型光通訊的失敗，重賞政策不易防弊的隱患，以及兩次品質事件的反省。

本書一大特色是鴻海富士康的實戰心血結晶，比諸學養豐富的教授名師大作，更具一番風貌。非企業界人士可一窺鴻海富士康的奧秘，企業界人士則必有重大獲益。是以不嫌簡陋膽敢為序。

朋程科技副董事長 謝台寧敬筆於2018.02.19

◆ 故老闆郭台成對作者的評語

精而美董事長溫斌─精實推薦！

　　恩師從富士康退休後，一直致力於通過諮詢的方式把自己從業三十多年的經驗回饋社會。這本書，就是把恩師在德州儀器與富士康的經驗整理出來，分享給業界朋友。這還是第一次有顧問公司對這兩大公司的經營管理做切身的深入剖析，值得同在中國製造2025路上的朋友好好研讀。德州儀器作為半導體公司，對中國即將繁榮的晶片行業的發展有積極的參考價值。而獨角獸富士康，更是製造業的代表，也一直沒有停下發展的腳步，不管是機器人、大資料、互聯網，都是在製造業的根基上不斷做升級。

　　拜讀恩師大作，彷彿又回到二十年前那段崢嶸歲月，凡有新品試產，已是集團最高品質負責人的恩師必會親臨產線，從頭到尾，與我們工程師一起討論問題點與對策，那時的富士康三四千人，每個人都非常重視品質，凡有客訴簡直就像大新聞一樣傳播，都很緊張，直到弄清不是自己的部門的問題才鬆口氣，品質意識貫徹到每個人的骨子裡。郭董每個月開一次動員月會，他和嘉賓每次講話都能深深吸引我聚精會神的聽，每次領悟頗多，像是打開了一道道通往未來的大門，現在想起來，富士康早在二十年前就有大象的基因。而這大象得以實現，與恩師本書中提到的富士康經營理念不無相關，尤其是當年恩師親自參與的富士康四大系統的建立，直接奠定了大象的養成基礎。

　　這些年來富士康儼然已成為製造業的黃埔軍校，為中國製造業培養了成千上萬的精英人才，為中國成為世界工廠做出了巨大貢獻，而恩師做為四大管制系統的創始人之一，僅品質系統的徒子徒孫就高達至少十萬之眾，他們將富士康的精神發揚光大，更將恩師的體系和理念繼續貫徹執行到各行各業，為中國大陸

製造業間接培養了大批人才。

　　我個人作為恩師第一代招進富士康的徒弟，也得益於恩師的直接栽培，深受富士康管理理念影響，在精而美創業之初，我就在工廠建立了系統化管理流程，對本書總結的富士康經營核心理念P&AE，也始終是精而美在企業戰略發展過程中所參考的基本面，而且在精而美發展的各個階段，我都會帶領企業高管反思我們的決策是否遵照P&AE最大化的理念，效果如何，問題出在哪裡，然後集體改善，才得以讓企業的戰略往前發展。正是在富士康的理念影響下，精而美可以跟著客戶一起長大，從規模不大的時候就可以承接一流客戶的訂單，這種思想的貫徹執行，才得以讓精而美能在手機行業小五金件這個賽道做到大滿貫。受益於P&AE的確是每個企業經營情況的核心指標，這對我後來在企業推行的合夥人制度、對賭制度，以及後來所做的資本併購、投融資方面都有很深刻的指導意義，它不僅僅指導我如何經營企業，也指導我如何看待其他的企業。P&AE並不神秘，現在可以說這本書為所有企業找到了一個公司得以發展的思考問題基本面，當企業經營者有任何迷思，可以回到這個基本面來思考並做對決策，還可以參考書中的邏輯思考，對所思所想進行落地實施。而現在非常幸運的是這些理念已經整理成冊，讓更多業界同行可以深度學習並對照自己的企業情況做轉型升級。

　　最後，值得重申的是，這本書並非只是戰略層面的理念，還有進一步的理念展開指導邏輯，參照本書，不僅僅能立體呈現德州儀器和富士康是如何經營企業，更多的是可以得到具體的實施指導，尤其是對準備邁向下一個臺階的企業有很明確的指導意義。希望我們企業家朋友都能在本書的指導下積極的部署自己的中國製造2025，共同為我們的行業繁榮做出自己企業的貢獻。

　　　　　　　　　　　　　溫斌

　　　　　　　　　　　深圳精而美有限公司董事長

有「軌」才有「道」，
有「道」才有「路」！

個人在TI臺灣廠工作了14年多，雖未進入TI經營層，但TI的開放式經營(Open Door Policy)，及鼓舞員工全力投入與參與公司的TQC一切活動，幫我理解了什麼是企業經營的生產力(People & Asset Efficiency)，以及企業該怎麼做經營定位、怎麼用TQC及方針展開做經營聚焦、怎麼做資源的規劃與佈局去完成任務、怎麼運用IT科技做改善與追蹤績效、及怎麼做出高良率的均質產品。這一切，使我得以練就了一身企業管理所需的堅實基本功。

在TI臺灣廠工作，除讓我得以看出TI的國際化運營是怎麼做的外，更為職涯後半場在鴻海集團富士康工作的16年間，面對來自各方面的工作挑戰，尤其是郭董對我在工作上的嚴峻要求，打下紮實的思考力與洞察力對應根基。

個人於1995年進入鴻海集團，擔任工程標準處經理暨集團全球品質總監職務，當年鴻海集團的全年營收尚不及台幣百億，現在鴻海集團的全年營收已過台幣4兆。在18年間，鴻海集團的營收成長了400倍，這樣的發展，相信連郭董本人，大概在1995年時都沒想到過。

鴻海集團在過去的這段成長經歷，絕不是奇蹟出現，更不是時勢造英雄，比較貼切的說法應該是，郭董講求拼腦力做事的經營思想，確有其過人的獨到之處。個人有16年與郭董共同埋鍋造飯及身歷多次現場作戰的實操經驗，也曾參與多次集團的轉型升級盛宴，自信對郭董的拼腦力經營理念有深度理解。個人認知，郭董的經營理念可歸納為5個字，即「策略又策略」。如果展

開，就6個字，即「策略、擔當、分利」。而這就是鴻海集團過去的成長之道。其中策略與擔當，更是本書論述之重點與精華之所在。

當前眾多企業，正面臨企業經營的彼得原理困境而盲然不知所措。為了幫助遭逢此類困擾的企業能及早把「眼到、心到、手到」的轉型能力建好，把事業做強做大，故將鴻海Foxconn 及美商半導體公司TI的獨到經營邏輯寫成書，並予以出版，以盡「下君盡己之能」。期望更多心中以郭董及德儀經營為師的企業家能受益，能把經濟變得更好，造福更多的人。相信個人之所為，應也是郭董「上君盡人之智」之所願。

本書作者期望讀者能更深入理解經營之本質，所以在本書中放入了許多實務上需思考的問題，供讀者去想要怎麼做才能真正解決不二過之前車之鑑，期許通過這種可與作者做半互動的交流溝通模式，能夠真正給讀者帶來閱讀紋的生產力。

若您在閱讀本書時有任何問題，或公司內部有問題待解決，可與作者直接溝通，作者之連絡方法如下：

郵箱：kcliu@letussmart.com(www.letussmart.com)

郵箱：kcliu@doubleright.com(www.doubleright.com)

達睿科技公司

www.doubleright.com

本人當盡一己之力協助讀者更上一層樓！

劉克琪　2018年06月

謝　意
圓滿來自各方的鼎力

在過去三十多年的職場生涯中，我一直希望能有機會為更多的企業分享世界頂尖公司的經營經驗(Best Practise)。這是我從事企業管理類經驗分享的第四本書(中文/英文/日文各一本)，歷時兩年準備，在等待發行的過程中，我們的諮詢團隊除了學習內容外，還在不斷做邏輯思維的挑戰與文辭修潤，希望在鍛鍊勵精後能把精準與務實的內容呈現給讀者。等待的辛苦，堅持不懈的努力，這本書終於可以與讀者見面了，能圓滿成書來自各方先進朋友的鼎力相助。

首先要感謝曾經助我成長的前輩導師：

1、把卓蘭品質三步曲帶入TI及在TI導入TQC的前TI半導體部門副總裁——張忠謀先生(TSMC創立者與前董事長)。

2、一路提拔我向上的前德州儀器台灣廠總經理——李同舟先生。

3、一路協助我把公司所學配合落地實施的前德州儀器台灣廠軍規特品部 門經理——謝台寧先生。

4、在國際化運營經營思考、客戶關係處理、品質提升等領域，指導並鞭策我精益求精的二位直屬長官——鴻海集團的董事長郭台銘先生與總經理郭台成先生。

其次要感謝協助完成出版此書的朋友：

1、在內文上：張敏女士在我們團隊中是個才華出眾的得力助手，對書中挑戰邏輯思考的內容與措辭修潤，提出很多寶貴

的建議，功不可沒。

2、在圖表上：張慧子女士運用她豐富的想像力，把我很難用語言表達的想法繪製在圖表上，最屬難能。

3、在製書上：博客思出版的同仁以符合時代感的專業編製成書，在過程中，有賴本書主編楊容容女士盡力協助，也一併致謝。

最後，再次感謝與我一樣致力於推廣分享先進企業經營管理的TI老長官──現任朋程科技副董事長謝台寧先生；與深圳精而美科技董事長溫斌先生，兩位先生犧牲春節休假閱讀本書，並將閱後真知灼見的心得分享給大家，此對本書是最大的肯定與鼓勵。

還有很多默默支持本書發行的同事朋友，沒有大家的支持、建議、批評和鼓勵，這本書是不可能完成的。

我將心意留記於此，向所有人致上最誠摯的謝意與祝福

劉克琪　2018　仲夏

CONTENTS

寫在前面——
台灣拼經濟的狂想曲

台灣年輕人月薪22K、放無薪假、不調薪、高失業率已成臺灣經濟的常態。政府沒錢，降軍公教及國營事業的福利似乎也是必然。政府即使承諾已跳票，政府還說做了很多事，這或許也是真，但事實卻是人民對經濟無感，年輕人找不到想做的工作，企業返鄉，卻也找不到想要的工人，大家各有說詞。

要解決臺灣當前的經濟課題，可能不是件短期特效藥能及之事。台灣當前最需解決的是未來3年後之經濟發展定位問題。做對了，這個島的經濟或許還有救；做錯了，大概經濟發展也比現在爛不到那去，因此與其坐以待斃，不如放手一搏。

到目前為止，台灣政府對經濟問題的解決仍只是抄，抄美國怎麼做。抄，代表 Me Too！在製造業，抄表示沒創意，你會我也會，你把成本做低了，一定有人可以再做的更低，所以製造業代工費很低。美國解決經濟問題的定位思考，是以美國的全球經濟利益為先之思考。抄美國解決經濟問題的做法，或許是走向成功的捷徑之一。如果經濟部、經建會事前有做過台灣政經濟問題的定位思考功課，抄應還有可為。但實際上政府可能沒有做，或做了，但做的不好，結果可想而知！

沒有「道」就走不出「路」，這才是邁向康莊大「道路」的本義，而「道」就是自我經驗反省後該走的路，自我能耐的檢討，更是自我定位的再思考。老子有言：道法自然。即一切的「道」必須依據自然的規律去做。現在臺灣的經濟問題狀況不斷，是該思考是否依道法自然而行了。以下為個人對解決臺灣經濟問題的一些長期想法供參考。

❖ 1. 如何解年輕人失業問題

必須強制規定年滿55歲的人退休，不得延！不退者，每年減其退休金總額X%，並將減額逐年加重，直到退休為止。一則加速世代交替，一則減輕國庫負擔。如果年滿55歲的人不退休，年輕人就沒法接棒，就很難有磨練機會。我55歲就向郭台銘董事長申請退休，因為我身為鴻海副總，我不退，年輕人那有機會接手進鴻海服務。

二戰後，Baby booming 的這一代人臺灣人出了很多人才，不能不說是機會好，因為1970/80年代那時是製造導向的時代，做的出產品，就賣得掉；肯努力就會有收成，這只能說我們這一代人是機運好，不一定是特別能幹。反觀現在年輕人的問題在於他們需要工作賺錢，卻沒有很好的工作機會，或只能賺很少的錢做個月光族，現在多數臺灣的年輕人真的是可憐！！！現在是該我們把機會留給年輕人的時候，誰敢說他們這一代會做的一定比我們這一代差！說現在的年輕人能力不如我們這一代，是對年輕人不公平的批判。我們必須有勇氣做出遵守「江山代有才人出，一代新人換舊人」之生態鐵則。

❖ 2. 如何給退休人才加值

退休的人可以有以下多種選擇：

► A. 投入服務業

服務業是個很廣義的名詞，它的價值創造在於被套上了什麼樣的形容詞。任何服務業，如果前面被加上形容詞，則該服務業立刻變成很專業，需要專業的人才去執行服務。

服務業生存鐵則是：做出客戶體驗！

年紀大的人，因為閱歷及專業深，比較會有服務業所需的客戶體驗特質，也比較容易表現給後代子孫看，什麼才是服務

業的服務精神！

　　讓最有生產潛力，但最沒客戶體驗及服務意識的年輕人去幹服務業，例如，端盤端碗當店員，是扼殺整個社會的生產力，根本就是本末倒置。因為製造是臺灣企業的強項，我們的政府應鼓勵退休者多從事服務業，尤其是需有製造經驗或專業Know How的服務業，以創造更多的就業機會，而不是讓年輕人去幹沒有形容詞在前的服務業。

　　個人去年去了幾趟美國，在飛機上，我感受不出Delta Airline上的 40/50歲空服員的服務品質，會比不上Eva Airline上的20/30歲空服員。

► B. 投入顧問業幫助年輕人歷練

　　退休人才可幹非企業編制內的企業顧問，手把手多教後進，做好經驗傳承，同時也降低企業負擔。

► C. 改組半官方企業輔導機構之運營模式

　　讓中衛中心/CPC/金屬工業發展中心等這些輔導機構，全力晉用有能力的退休人才兼職擔任顧問，做中小企業轉型升級的輔導工作，使實務輔導更到位，更能解決中小企業需求，並加速企業轉型升級，以創造更多的就業機會。

► D. 做創業育成中心領導

　　政府應鼓勵有能力的退休人才創業，同時政府應給於一定相對基金之輔助，並且要求每一育成中心必須僱用最少3位年輕人，一則增加年輕人工作機會，一則培養年輕人怎麼學習企業經營。

　　政府應該把蚊子館改成育成中心，並便宜租給創業者，並用退休的人創立服務公司，從事育成公司所需，但非核心的週邊外包服務工作，如人資、總務、IT服務等，以便育成公司更專

注於本業發展，有更高的成功機會。

在競爭導向的時代，讓年輕人去創業，年輕人缺客戶、缺人脈、缺錢、缺人才、沒有策略、沒有企業營運模式、缺資源，其成功機會，相對於有經驗的退休人員，會差很多。個人認為政府應該鼓勵退休人才做年輕人創業輔助，而不是鼓勵年輕人全面走上創業之路，這樣做除成功機會高外，並可降低政府的輔助金損失風險！

❖ 3. 停止鮭魚返鄉的幻想

鮭魚當年離鄉，因為離鄉有利可圖！不要寄望在外，且有利可圖的鮭魚會返鄉！在外已無利可圖的鮭魚若返鄉，對臺灣有百害無一利！全世界的返鄉鮭魚，那一條不是返鄉就死！鮭魚返鄉的唯一價值是「誠心的傳承」！政府應該要做的是：把人才傳承的環境做到最好，讓企業覺得回來有利可圖，絕非提供低薪勞工。

❖ 4. 夜班全面啟用外勞

我在 Texas Instruments Taiwan Limited 上過7年大夜班。當年上夜班有38%的夜班津貼加給，臺灣企業給不出日/夜班工資的明顯差異，不如全部大夜班用外勞以解決企業缺工問題。

❖ 5. 全面營造改革開放的市場環境

以吸引有利於未來經濟發展且對的資源流入，讓世界的資源來參與台灣的經濟發展。台灣現在吸引不到對的資源，就是政府該努力的方向。但這有待政府先定出什麼才是臺灣未來經濟發展的定位。沒有先定位的忙，永遠都是瞎忙。瞎忙的結果，就是人民對經濟無感！

第 一 章

鴻海Foxconn

與

德州TexasInstruments(TI)

為何這麼經得起考驗?

走過80年風雨歲月，仍舊保持著激情與活力的TI，其不強調個人英雄主義式的經營模式與思路，是值得很多業者去研究到底TI是怎麼做到的。鴻海富士康科技集團，過去40年，如何從一家小公司白手起家，變成一家全球營收百強的企業，其中也必有其經營獨道之處值得學習。

Texas Instruments(以下簡稱TI)，及鴻海富士康科技集團(以下簡稱Foxconn)，這些年來如何能經得起時間考驗，能持續成長，並歷經幾十年而不衰，根據個人在這兩家公司各約15年的工作體驗認為，主要體現在以下幾個方面：

❖ 1 領導者的企業文化

► A. 鴻海Foxconn公司的文化

可以說就是郭老闆的文化。郭董自我要求很嚴，以工作為樂，要求 Work Hard & Work Smart，自然公司就形成這樣的文化。郭老闆很大方願意分利，在Foxconn用金錢犒賞凝聚有績效員工的工作士氣，已成一種文化，應是鴻海Foxconn公司能成功運營之主因之一。也因為如此，鴻海Foxconn能在公司外找到在其經營領域內(Domain Industry)對的人才，助其達成經營目標。這點在一個年成長每年超過30%或幾千億台幣營業額的公司，藉由外部對的資源滿足客戶需求且能持續成長不掉訂單，似乎是唯一的解，也是對客戶承諾能不掉球的關鍵。

郭董是企業家，也是一極為精明的生意人。在他眼中，如果企業有經營策略及對的佈局，沒有生意會不賺錢。郭董認為企業不賺錢或是經營者的經營策略不對(即或是經營的

方向不對，或是時機不對，或是資源投入程度不對)。即是在他心中，經營企業就必須賺錢！更認為經營企業不賺錢是可恥！

當經營企業的方向對，資源投入對，但時機不對，他通常會立刻停掉已有的投資，即他永遠會站在怎麼維持鴻海Foxconn長期自由現金最大化上去看問題。2001年時，他覺得光通訊事業的投入時機不對，即使已在美國投入10億美元資金，仍快刀斬亂麻的把光通訊事業BU收掉，此就是一例。此種思想也間接訓練員工在公司上班工作就是要使公司賺錢，即經營企業不賺錢是可恥的！此也直接或間接的讓員工扛起為自己賺餞的工作責任。

► B. Texas Instruments的公司文化

TI是一以人為本，用企業定位及企業經營宗旨凝聚員工，從創新及創造產品的價值給社會出發，以股票選擇權或績效獎金當做分利手段，用做激勵員工參與公司經營的公司。基本上，所有的員工行為與工作內容，都有作業規範及準則做為依據，且所有員工均必須嚴格遵守公司規定，沒有例外。TI的文化極度強調Work Smart & Work Hard (感覺起來Smart更重於Hard些)，及比率很高的公平、公正、公開性(Open Door Policy)做為工作的競爭倫理。如果你的確是位能人，只要你有績效且努力，你就有機會升遷及持續成長，有能力的人可以每年跳升資職位、職等(Job Grade)並且獲得非定期加薪與獎金激勵也不會是問題，可以說升遷與工資和在職年資關係相關性可以不高。1980年代時，台積電董事長張忠謀年剛過40就在TI幹到全球半導體部門副總裁，就是個很典型的例子。如果你真是出類拔萃，在TI可以不受年資及年齡之限制，連連在職位上升級是常態。TI的職位特重內升，鮮有挖腳靠外援之事，這種制度的好

處是永遠不會缺人才，因為能幹的人才永遠隨時等著接手老闆的工作。像TI在1997年挖HP亞太區總裁程天縱到TI擔任亞太區總裁負責亞太區業務之事應屬少數特例。TI由於系統規劃做的很好，使得工作模式與工作目標皆非常明確，加上要解決問題的資訊都很公開透明，並且強調跨組織(Cross Functions)的團隊合作，解決問題就變得單純且有效率。多數TI員工的年所得，只在業界年平均所得中上的位置，但團隊合作之工作態度及執行力，在業界可能還真找不到幾家公司能與其匹敵。TI特重規格遵守(Specification Compliance) & 作業程序(Operation Compliance)遵守，在TI如果你無法遵守規格要求及作業程序，你無法在公司內生存。如果你遵守規格要求及作業程序而犯錯，公司不會責怪員工，公司要做的是立刻改規格要求及作業程序，以及檢討錯誤之形成原因並採取不二過對策，及怎麼做才能使人避免再犯錯。在TI，經常熬夜加班工作的人，在主管眼中，其能力通常不會被認可。People & Asset Efficiency （生產力）在TI的工作文化中更受重視。TI希望員工在TI這個大平臺上工作範疇能更 Smar的把工作做好做對，做出更好的效率，完善工作才是公司要的。拼加班、拼體力而不夠Smart的完成工作任務反而不是公司期望看到的。90年代我被賦與在TI台灣廠區推動STATISTICAL PROCESS CONTROL(SPC)，當時的GM是HERBY LOCKE。他在OPERATION 會議上曾問我，你有多少%的時間用在推動工作上，我回答約60%，他又問我，那你另外40%的工時用在幹什麼?我回答，用於思考怎麼把公司教我的SPC課程內容，順利的推動到日常制程工作上。GM HERBY非但沒有生氣，反而誇獎說公司希望大家都能Work Smart的把公司任務完成。此也看出TI是家鼓勵大家拼腦力做事的公司。

❖ 2 員工&資產(People & Asset)管理

▶ A. 鴻海Foxconn的做法

偏重員工的現有核心專長能力積極發揮與既有能力持續發展管理,因此個人的出路,受用人主管對其加入此公司時所被認定的職系影響極大。員工要從某一職系,換跑道到另一職系稱得上是極難,即使你的工作崗位職掌已全部脫離舊有職系之工作範圍。在Foxconn公司內,若有重大問題待解決,假如解決問題團隊內各職系組成成員之綜合能力足夠強大,問題還是能被解決。但這種做法對團隊合作、換位思考及通才高階經理人才養成,所需花的時間影響極大。

Foxconn是一以代工引導營收導向的公司,因此是一極度重視客戶需求的公司,其系統運作,主要依如何配合客戶的營運供應鏈運作去產生,可以說是一邊向客戶學習一邊做,再逐步力求完善。在Foxconn,任何一系統之產生,必須經由先設定系統必須達成目標及系統建立之策略指導原則之程序才能進行系統開發,且此系統必須要與客戶需求相結合。系統目標設定後,接著要做的是定義系統設計的策略指導原則,而系統設計的策略指導原則,事實上就是達成系統目標的適道之路。Foxconn內部基本上不允許系統規劃&設計任意產生。在Foxconn系統設計的原則是很嚴謹的,其建構過程管理邏輯為:系統流程化➡流程合理化➡系統標準化➡系統IT化➡系統網路化。如果你想在Foxconn導入系統而不依此邏輯作業,幾乎沒有成功的可能,因為對應新客戶的新系統量身定製需求,郭董通常會很積極參與,以避免產生客訴而影響到新接訂單。

有策略指導原則的系統設計規劃之重要性說明例:

二戰期間，美國空軍降落傘的合格率為99.9%，這就意味著從概率上來說，每一千個跳傘的士兵中會有一個因為降落傘不合格而喪命。軍方要求廠家必須讓合格率達到100%才行。廠家負責人說他們竭盡全力了，99.9%已是極限，除非出現奇蹟。

於是軍方（也有人說是巴頓將軍）就改變了檢查制度，每次交貨時從降落傘中隨機挑出幾個，讓廠家負責人親自跳傘檢測。從此，奇蹟出現了，降落傘的合格率達到了百分之百。(摘自網路)

這個例子說明：

A. 一個好的系統，必須要有策略目標。本例中的策略目標為「零跳傘傷亡」。

B. 一個好的系統，必須要有策略指導原則。本例中的策略指導原則為：建立起將執行結果和個人責任做連結，以做到「零降落傘不合格」。

C. 一個好的系統，要有系統目標與指導原則，且必須要經過流程化→合理化→標準化，才可以減少變異，確保問題不再發生。

D. 一個系統如能建立起將執行結果和個人責任和利益聯結到一起，就能解決很多系統的防呆問題。

可惜的是，郭董這麼好的系統設計領導思想，並沒有被來自四面八方的各路經理人馬真正理解與完美落地。多數經理人及成本管控單位，想到的通常只是系統設計與導入要花錢，卻沒想到過好的系統設計會替公司長治久安的生產力提升上帶來什麼！因此平常工作中，員工仍必須花很多時間處理異常工

作中以外的，可由計算器系統代為處理的日常資訊工作。這對一家強調提升企業P&AE的公司而言，根本是反其道而行。

個人於Foxconn廊坊園區擔任園區最高主管時，為避免客戶訂單與交貨有偏差，因此不願相信每週由交貨PM用手做整理出的Excel試算表處理訂單需求預測、生產及交貨訊息資料，故每週花2小時做供應鏈系統建構與改善檢討，總共花了一年的時間，2010年4月，當手工系統與IT系統平行運行導入驗證比對時，SCM主管在會議中問我，當這套系統運行後，我們SCM多出的人該如何處置？可見好的系統會對生產力提升帶來的殺傷力。可惜的是，當我5月份離開廊坊回龍華後，新接任的園長又相信手算資料，使其回復原狀，一切歸零。重視系統，相信IT，絕對是企業追求長治久安，應該要做的事。

尤其在當前人工智慧萌芽之時！

► B.TI的做法

TI會主動規劃員工的未來，也期望能引導員工未來怎麼替公司創造更高的價值！因此在公司內員工教育訓練及不同職能工作輪調極其平常。當製造部經理出缺時，可能由工程部經理去接，BU總經理出缺，可能由品保部處長去接，而此也正是TI能培養人才及持續成長的關鍵。在TI工作，你會感受到任何一位高管離職皆不會影響公司的運營，感受到的是TI人才濟濟。所以局外人會開玩笑的說，TI是Training Institute要找人才到TI去挖就對了。

TI 應稱得上是一家極度依賴IT系統去解決日常重複、耗時又不產生附加價值工作的公司。個人於1981年加入TI時，TI的內部經營與管理，幾乎都已全部IT化了。TI不要員工去處理日常沒有附加價值的內部經營與管理的資訊傳遞與搬運工作(No value added & redundant work.)TI 期望的是員工怎麼利用既有及已得的IT資訊，在既有的系統下，能快速處理異常及做日常工作之持續改善、創新與突破，而不是花苦勞每天盡做些沒有附加價值且可由IT代勞的工作。

在TI，工作進入IT化後的另一重大效應就是，IT永遠可迅速及忠實反應內部經營與管理KPI的真實性&執行力貫徹落地結果。在TI，開Operation Review會議時，你可以不必準備資料，只要打開IT系統，隨時都能開會看工作結果的即時內容。在TI，經營與管理階層，永遠只相信IT資料，如果IT資料與手算數據有衝突時，絕不會認同手算數據是真實的。就個人觀察，日常管理已全面導入IT系統的公司，其在內部資源之經營與管理，及KPI的真實性&執行力貫徹上，一定遠遠贏過沒導入IT系統的公司，同時得到資料的真實性會更精準，且對策反應更迅速與即時。

TI每月會在月底結算日前約一個半小時前，停止IT過帳，並在IT關帳後2.5個小時內，知道全球公司損益。IT系統的強大，對其經營與管理之重要性非外人所能見。

問題思考1:

◈ 為什麼許多公司的管理報告績效與經營績效($)不吻合?原因出在那?

❖ 3 公司除弊管理

▶ 鴻海FOXCONN的做法

Foxconn的除弊管控為靠信得過的能人背責任，其實這應也算是一種源頭管理。Foxconn沒有管理部門！郭董曾多次說過，

他要的是能背責任的人，不要管理，管理是OVERHEAD，他寧可把這些費用支出，當績效發給員工。

個人體驗最深的是Foxconn的簽字定義，它是這麼定義的：

簽字＝牽制

這種理念的邏輯，是建立在挑選出對的能人，公司賦予其權力去背責任以完成交待任務的思想上。

然而這種做法也衍生出其他弊端，如果企業倫理不好的話，實際上看到的是

簽字＝牽制＝錢至

員工想的反而是卡「錢至」之位，而非其初始精神「簽字＝牽制」。

「簽字＝牽制＝錢至」，這絕不是Foxconn一家公司要面對的問題，這也是每家公司多少都會有的問題，也是多數企業主曾問我要怎麼解決且難有萬全答案的難題。

問題思考2：

◈ **系統設計在解決人性無法100%做到的問題，你在規劃系統設計時會考慮什麼？**

網路上看到的Foxconn高管商業醜聞不少，這是Foxconn現在面對公司除弊管控上的最大挑戰。郭董曾在台建議立法院將貪腐列入刑責，或是良方，可收殺雞儆猴之效。但人性之慾望恐難治。

在Foxconn能人也許真是能人，但能人簽字還會出弊案問題，如果不是「錢至」之因，只能歸因是「這個能人」已經出現管

理上之所謂彼得原理現象,即能力不配位。怎麼找出不適任的能人,及怎麼把不適任的能人,變成真正具有「簽字＝牽制」的真能人,對於一員工數超過百萬的公司絕不是一件易事。

郭董對其身邊一線主管永遠總是嚴教培養,這應重要原因之一。

► TI的做法

在公司除弊管控上,TI靠制度與文化管控更多些。在TI,任何人如果做拿紅包之事,大家會認為那是可恥之事。TI的管控靠系統,靠授權及分層負責,員工均聚焦於務本的工作上。觀察到底,反而是效率極高,商業醜聞不多。TI是一家極端重視企業倫理的公司,總部設有TI Ethics職位,由VP掌管,可見TI是非常重視企業倫理的公司。TI絕不允許違反企業倫理的事在公司內發生,如發生,則無論員工職級多高,一定秉公處理,並且絕無情面可講。

在TI,公司員工如果犯錯,均依規章處理。通常主管會先給予口頭警告及能力培訓,再犯錯,則給予書面警告、深度訓練及留廠察看,再錯,則開除。在TI我還沒見過員工鬧罷工、怠工及打主管之事。

TI這種管理體制也反應到接班人問題上。TI的連2任CEO接手時年紀大約在44歲左右,做的也很出色,他們之所以能如此,是因為TI有很好的體制及系統,足以授權及監管員工,間接幫助接班人成長,及在接班後能更專注於CEO的職責。

❖ 4 公司興利經營面

Foxconn ＆ TI都有很好的CEO,其中郭董的企業在全球競

爭力排名次屢次突破舊記錄，真的不簡單！

▶ A. 鴻海FOXCONN的做法

Foxconn的CEO是個很有頭腦的企業家，在產品市場、營運模式、策略、核心競爭力、SCM、及製造上的格局→佈局→步局，都是一步一腳印的做，在代工領域，可說無人能及。個人相信在許多其他未知領域，其能力也應鮮少人能及。在Foxconn，CEO的決策彈性極大，朝有錯，夕可改，船長隨時會依客戶對營收的貢獻及潛力，調整經營方向，把Foxconn擺正，以期做大營收。

Foxconn CEO對企業經營的格局是：「世界上只有2種企業，營收持續穩健成長或走向滅亡」。

事實上，這就是在說明「企業經營的彼得原理」。企業經營如遭逢彼得原理的困境，不轉型，就會自然的還原到該企業在其所處產業中，原本營收所應停在的排名位置，或逐漸走向滅亡。

因此，在Foxconn，CEO心中，營收成長絕不能停！營收成長停滯，表示公司經營有危機！在Foxconn CEO心中，公司興利經營面，絕對大大重於公司除弊管控，即經營面之重要性遠大於管理。郭董在為鴻海公司做的是把鴻海變成—「長期、穩定、發展、科技、國際」的公司！郭董近期投資日本SHARP，及美國威州應是在把以上理念落地。

▶ B. TI的做法

TI的CEO也都是很有頭腦的企業家，在DSPS(digital SIGNAL processing Solutions)、模擬IC等領域之相關產品市場、營運模式、策略、核心競爭力及製造上的格局->佈局->步局，在其經營宗旨領域內，可說鮮人能及。因為TI經營極其聚焦，故生產力(People & Asset Efficiency)極高，且經營績效良好。在TI，

如果某一產品線毛利低於某一百分比，例如25%，TI的做法通常是關掉該產品線自己正在做的部分，產品線全部外包或賣掉。賺錢靠生產力不斷提升及不斷創新，是TI的經營方針，也是員工加薪的依據。

在TI，你會感受到

明星產品➜金牛產品➜落水狗產品➜命運未知產品➜明星產品

之BCG矩陣持續滾動。TI絕不間斷投資於創新與研發，TI高管支援產品汰舊換新之持續滾動，是支撐TI有高毛利之主因。TI高管很清楚沒有創新就沒有持續的成長。

後面章節中，會繼續對公司興利經營面相關內容有更多詮釋。

筆記

交流訊息：

kcliu@letussmart.com

kcliu@Doubleright.com

第 二 章

製造業為何供給過剩，
產能過剩是如何造成的?

❖ 鴻海富士康龍華造鎮傳奇：

1995年在深圳的一個小鎮龍華，Foxconn成立了一家PC主機殼代工廠，生意一年比一年好，因為出貨量大，相關配套供應商也跟著來了，由於Foxconn的CMM(COMPONENT、MODULE、MOVE)營運模式很成功，更多不同搭配出貨產品的相關供應商也跟著來了，很快的這小鎮快就繁華了，現在龍華鎮已成龍華新區。

【悟到】懂得追隨大平臺一起成長，做出產品差異化，大家都贏

❖ 大平臺上供應鏈的畸形發展：

由於大平臺實在太大，更多相關供應商也跟著來了，平臺一變大，供應商的產能與品管跟不上，於是能做相同產品的第二個供應商也跟著來了，開了相同產品的製造廠，並製造更多產能提供給平臺、第三個、第四個相同產品的製造廠加入後形成惡性競爭，最後大家都沒得玩。

【悟到】一味抄襲別人走的路，並只在產出相同產品上競爭，必將堵死自己的路，最後多方俱傷。

❖ 製造業為何供給過剩？

製造業之所以產能過剩，主要理由為美元金融霸權，促使開發中國家政府為賺外匯而對智財權的放任態度造成的。1985年以前的臺灣製造業就是如此崛起；1990年以後的大陸製造業也是如此崛起。因此，如果一國政府，為保護當地產業，對智財權的放任，將造成劣幣逐良幣，爛的公司反而會贏，好的公司反而被淘汰。賺到的是美國百姓，苦的其實是當地的消費者！

例如：

有2家公司同時供貨給一客戶，一家有R&D，一家沒有但會

抄襲，通常有R&D的公司，其產品品質一定會符合標準並中規中矩的做事，但成本因包含R&D費用會高些。一家會抄襲的公司為打進該客戶供應鏈，其所能用的戰術大概只剩報低價及行賄，最後的結果通常是，有R&D的公司，其產品被採購比例，最終多被低價的廠商所取代，接著是會抄襲的那家公司產品品質出問題，結果是一切採購作業從新開始，損失由爛廠商、客戶及社會大眾承擔。

例如：

有一家公司有2萬家供應商，該公司總裁下令砍50%的供應商，多數有工程能力的供應商，可能是直接的受害者反被淘汰，因為

工程能力服務 ＋ 採購人脈關係＝成生意常數

通常工程能力弱的廠商會花更多資源在採購人脈關係建立服務上，加上該廠商願意短暫犧牲毛利及送禮社交所帶來的是暫時低價的競爭優勢，會看到的反而是有工程能力的廠商，因為不願在採購人脈關係服務上做更多其認為不合理的投入，反而會因沒有了競爭力而出局！長期的受害者反而是該公司，失去了與供應鏈上廠商做深度產品技術開發之合作機會。

茲以中美高層對話做說明：

例如：

【臺灣醒報報導】

美國副總統拜登11日在「中美戰略與經濟對話」時指出，中國應進一步從事國內的經濟改革，且停止公然竊取美國智慧財產的行為。

2013年一年一度的「中美戰略與經濟對話」在華府揭幕，由

美國副國務卿勃恩斯及財政部長路傑克主持，與大陸國務院副總理汪洋、國務委員楊潔篪所率領的中國代表團，進行經濟與地緣政治相關議題的討論。拜登在開幕演說中指出，對於維持全球的經濟穩定，美國與中國肩負著共同的責任。拜登說，中國下一步所需進行的經改措施，也符合美國的利益。他進一步強調，匯率市場化、消費導向的經濟、保障智慧財產權、重啟創新能力，都是中國未來應進行的經改方向。

儘管美國「棱鏡」事件引發廣泛爭議，拜登卻毫不忌諱的批評中國，並指責其透過網路竊取美國智慧財產。他說，中國的行為已經越界，且必須立即停止；美國官員表示，所有的國家都從事間諜情報活動，但是中國在竊取國外科技上最為獨特，亦即中國為了企業利益而竊取美國的技術。

個人對此事的看法：

1.美國是科技大國，科學技術被抄襲是必然的現象。郭董也說過，成事捷徑為：1.抄，2.研究，3.創造，4.發明。「抄」是走向成長的最快之路。

2.抄襲並非只有中國而已，過去的日本和臺灣也都經歷過這一階段。因為抄襲本就是學習的一部分，更是縮小差距的最快快捷方式，重點是如何在抄襲之後，發展出自己新的技術超越他人，這就叫做創新。

3.被抄襲者需要不斷的前進這就叫做競爭，美國的恐懼也說明了面對競爭的壓力。

4.中國需要接受美國的建議，開放更自由的競爭環境，才能提高創新能力，並減少政府的干預與保護，提高對研發的獎勵經費，本屆的政府在三中之後似乎也在如是做。如果不這麼做，好的廠商所投入的研發成本無法回收，只剩劣幣逐良幣，

結果是肥了美國，瘦了自己。美國期望看到的正是：非它製造，但能從國外便宜買到，可進口到美國的產品。而要達到此要件，就必須製造出產能過剩的環境，而抄正是最關鍵的因素。

筆記

交流訊息：

kcliu@letussmart.com

kcliu@Doubleright.com

第 三 章

有品質的生產力經營
(People & Asset Efficiency)

什麼是生產力?有很多種說法。但如果問什麼是企業的經營生產力?大概只有以下解釋最恰當。

企業的經營生產力KPI
＝P&A(People & Asset)的金錢價值實現

如果說TI & Foxconn有何過人之處,最直接的說法,就是有過人的用生意管財務的經營生產力。

❖ 什麼是P&AE(People & Asset Efficiency)?

在談什麼是P&AE(People & Asset Efficiency)之前,首先讓我們先定義效率(Efficiency)。

效率(Efficiency)＝系統產出/系統投入。

如果P&AE以錢去定義,則P&AE＝營收/(人的費用+資產的費用)

這也就說明了,如果P&AE不能大於1,你一定是賠錢的。

企業的經營目的,最重要的任務是把P&AE做到最大化。而這也是企業經營重要的KPI指標。

問題思考2:

◈ 思考問題:日本SHARP為什麼在鴻海投資後能這麼快轉虧存盈?請由怎麼降低料費、工費、管理費用的角度思考怎麼做好回答。

❖ 認識什麼是資產?資產有哪些?怎麼定義?

什麼是資產?

要瞭解什麼是資產?最容易的做法就是看資產負債表中的

項目。

通常資產包含：現金與等值現金，應收帳款/票據，存貨，流動資產，固定資產，商譽與其他投資。這些內容，如果沒法經由人與系統的整合運作而產生效益，即產生真正現金收益，非現金部份資產將變成實質費用，即負債，而非創造營收！

❖ 企業怎麼才能做大P&AE？

企業要使得P&AE最大化，從P&AE定義上看，則營收必須變大，人事費用必須變小，同時資產費用得降低。其中人事費用由組織決定，且通常為固定。即要使營收變大，或使產品被分攤的單位資產費用降低，則必須仰賴人去執行有效益的經營與管理運作。這其中的關鍵在於：

1.企業必須要有對的經營定位、聚焦目標與贏的策略，並且必須把贏的策略經由組織規劃與人員品質佈局徹底執行到位。

2.定位客戶與服務內容，及管好產品線。

3.企業必須有一套符合企業為達成第1及第2項內容所需的運營管理體系。這管理體系中的「體」是符合策略落地所需求的組織規劃與運行，「系」是企業管理所必須的運營系統，包含BU經營系統、研發系統、品質管制系統與供應鏈系統。

4.企業如果能做到有經營策略的組織規劃及佈建對的人，會使得客戶與你很容易做生意。企業如果沒能做到有經營策略的組織規劃，或佈建不對的人，就像把屁股對著客戶，做生意很難長久。跟客戶做生意，除雙贏外，Easy To Do Business With 及More Value Added產生給客戶是非常重要的，並且有系統的支援其持續的運作。

個人認為所謂企業最需要之「對的人」，通常不一定是最能幹的人，或曾經成功過不可一世的人。成功過的人，其過去之所以成功，有其成功的資源搭配條件，這些條件如果不存在，繼續成功可能會有疑慮。曾經有位外商亞太總裁說過：無論你多有能耐，中年跳槽，記得帶班底過去，否則你會失敗，因為你沒有了資源平臺。

長期而言，找最適合你公司資源搭配條件，且培養肯動手做事的人，才是最正確的用人選擇。除非你的營收每年都有30%以上的成長，不得不找外援。

系統存在的目的及規劃，也必須以滿足客戶服務及嚴謹的內部治理與失誤防犯為出發點去設計，因此所有的系統設計都必須有策略指導原則，尤其必須把人性的可能思考設計進去。

ISO-9001沒有多少條款，但每一家公司取得認證後的出貨品質卻差很大，原因在於許多企業對於品保系統設計，缺乏產品品質保證的策略指導原則。簡單的比喻就是，相同的產品，在美國製造與在中國製造應會有不同的產品與制程定義要求，及不同的品質管控定義要求才合理。理由是在美國生產線上的員工多數為臨時工，其所需的制程防呆能力要更加強。

問題思考3:

◈ **人是企業最重要的資產，對嗎？**

人是企業最重要的資產，這句話是有問題的！應改成企業組織規劃內「對的人」才是企業最重要的資產！

對的人，必須是懂得怎麼定企業目標、做營運模式、制定策略規劃、籌建組織、佈置人力、建構系統及有執行力的人。

因為對的人,才是真正有能力把企業P&AE做到最大化的人。

❖ 關於經營定位

經營定位就是讓別人很清楚的認識你是誰!經營定位陳述了該企業存在的目的與價值,以及未來企業經營的大方向營運會以此為基準去運作。經營定位,除了陳述企業自身的努力方向外,也告知客戶你是否是我的往來標的。

要想瞭解一個公司的經營定位,首先,要看懂該公司所處之企業生態鏈。此包含:其客戶、產品、運營模式、核心競爭力、怎麼產生附加價值,及怎麼做出別人做不到的生產力。如果一家公司的規模經濟運營效率(Operation Efficiency)非常高,它通常會以量制價,採取低價策略,比如:沃爾瑪。

如果一個有規模經濟的公司,又專注品牌行銷,把時尚或技術領先作為自己的定位,它的產品與服務通常會以客戶體驗定價,比如:Nike,Apple。

如果一個稍有經濟規模的公司,又長於抄襲,它通常會以極低定價搶單,例如絕大多數早期的山寨機公司,其公司的定位皆源於此。

曾經有一些公司希望自己是既低價又時尚,還有高度客戶黏性,結果敗得一塌糊塗。這是因為這些公司自己都搞不清楚我是誰,如何能期望消費者弄懂你是個什麼樣的公司,又該如何與你長期往來。

經營定位內容包含:

A.企業的客戶是誰?

B.企業從事的作業內容是什麼?

C.企業所屬的產業及企業的產品是什麼?

43

D.企業所從事的增值活動是哪些？

E.企業對產業或社會的貢獻是什麼？

解讀：富士康連接器BU的企業宗旨：

以先進的研發及製造技術(核心價值)強化自我品牌及行銷網路(經營型態)，提供合乎客戶使用的光機電整合連接器及其線纜與線纜裝配等產品（產品）給全球電腦、通信、醫療、汽車、消費電子及產業設備的供應商（客戶）以協助增進其產品之競爭力（增值活動），秉持愛心、信心、決心的經營理念，據以達成獨立自主經營、持續快速成長、促進環保節能、利潤分享員工的長期營運目標，進而成為全球最大的專業精密零組件供應商（對社會的貢獻）。

解讀：1996年以前德州儀器的企業宗旨

德州儀器存在的目的在於研發、製造並銷售（作業內容）有用的產品及服務（產品），以滿足全球客戶（客戶）的需求（對社會的貢獻）。此也說明了，1996年以前德州儀器的企業宗旨是相當發散的。

解讀：1996年以後德州儀器的企業宗旨

成為網路社會（客戶）數位解決方案（內容+產品）的全球領導者（增值活動以及對社會的貢獻）。此也說明了，1996年以後德州儀器的企業宗旨是相當聚焦的，所以企業的P&AE就會逐漸提升。

問題思考4:

◇ 1. 1996年以前德州儀器的企業宗旨與1996年以後德州儀器的企業宗旨之最大差異在哪？

◇ 2. 為什麼會有這麼大的差異？其目的為何？

❖ 企業該怎麼思考及產出企業定位？

　　企業定位討論的是，怎麼從「長期」經營的觀點去思考，企業怎麼產生最大的長期收益，因此首先必須瞭解「我是誰？」我是誰?這是經驗的檢討，包含兩部份。一部份為現在的我，這是一種經驗累積的過程，即現在的我具有哪些不二過的能耐；以及未來的我是個什麼樣子，所以包含未來「我該往哪裡去？」以及「怎麼做到」，所以這是創造末來贏的體驗過程，也是一種怎麼做到的策略過程，是一種從條條大路通羅馬中，找出一條最適合我走且能通往羅馬之路。

　　該往哪裡去，這是策略的終極目標。該怎麼去，這是戰術。因為每一家企業的資源情況不同，核心競爭力也不一樣，因此策略目標與戰術必定也會不同。企業該做的是依自己的資源，找出一條最適合自已可以平順走到目標的路，這叫「適道」。而企業要找到「適道」之路，其依據為定位思考法。定位思考法之邏輯，如下圖3-1所示。

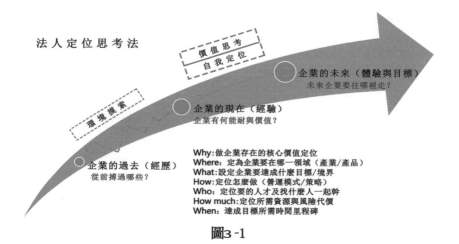

法人定位思考法

價值思考
自我定位

企業的未來（體驗與目標）
未來企業要往哪裡走？

環境探索

企業的現在（經驗）
企業有何能耐與價值？

企業的過去（經歷）
從前搏過哪些？

Why:做企業存在的核心價值定位
Where: 定為企業要在哪一領域（產業/產品）
What:設定企業要達成什麼目標/境界
How:定位怎麼做（營運模式/策略）
Who: 定位要的人才及找什麼人一起幹
How much:定位所需資源與風險代價
When: 達成目標所需時間里程碑

圖3-1

❖ 關於客戶關係管理&產品管理

A. 客戶關係管理的定義：

個人認為客戶關係的定義為：

客戶審視由你所提供給其在「價值鏈中的價值」，當被其轉成供應鏈關係時之強度大小。

蘋果手機與SAMSUNG手機之間之競爭，蘋果並沒法將SAMSUNG完全排除於其供應鏈之外，原因在於SAMSUNG的某些IC其所提供給蘋果的價值強度大到無可替代，蘋果公司不得不將其轉成供應鏈上之策略夥伴。

對企業而言，哪些價值鏈的價值稱得上是有價值?以下是這些項目的定義供參考。

客戶關係中之行銷與通路

品牌產品之設計與驗證服務

產品測試能力設計與驗證服務

驗證服務

產品或零件之規格與標準制定

量產制程能力設計與開發

製造能力與產能

SCM(Supply Chain Management)與 IT(Information Techonology)整合服務

物流與IT整合服務

售後服務&技術整合服務

勞務與規模之平臺服務

在中國，很多企業都認為其所在的行業，客戶關係維護很重要，這點是不容否認的。但，如果你在擁有客戶關係的基礎上，技術更領先，服務更領先，那豈不是勝算更大？如果純粹只把業務建立在人際/錢際關係的維護基礎上，總會有關係更好的人出現。

如果銷售人員能夠幫客戶發現自己沒有認識到的問題，並且提出解決方案，這就是價值創造，那客戶就會對其刮目相看，這才是真正的客戶關係。

例如：

銷售人員要把客戶拿下，就必須搞明白這個客戶在市場上是靠什麼取勝的。比如，如果一家顧問公司要把客戶服務技巧培訓賣給Foxconn，那很難成功。因為Foxconn不會花一分錢在與其經營定位不吻合的項目上。Foxconn的客戶服務技巧培訓是由CEO自已在做的。但如果有家公司，能夠把原材料的成本降低做法想賣給Foxconn，Foxconn一定會感興趣，因為Foxconn是一家標榜靠低成本工程服務賺管理財的公司！代工成本降低，才是它的存在價值。

B. 什麼才是價值鏈的價值？

首先讓我們看一篇由Brian Bailey為EE Times所寫關於「摩爾定律已死？重要嗎？」的報導：

> 業界持續討論摩爾定律終結已經有一段時間了，至於摩爾定律為什麼會步入終點，一般認為有許多原因，包括無法克服一些實體限制。最近還提出了成本的問題──晶片設計在下一個制程節點時會變得更加昂貴，甚至沒人能負擔得起。此外，令業界關切之處還在於──由於越來越少的晶片設計能採用最新技術，導致晶片產量減少，那麼製造商就不再投資於下一代新技術的晶圓廠了。

> 但如果真的停止技術進步，究竟會發生什麼呢？我相信有些公司會受到這種「危機」的影響，因為這些公司在商業的主導地位是以設計與製造技術領先為先決條件的。美國國防部先進研究計畫署(DARPA)微系統技術辦公室總監Robert Colwell說，摩爾定律終結將成為美國國家安全的威脅。這是基於這樣的聲明：如果美國無法在電腦運算能力和相關技術方面保持領先世界的地位，那麼世界上其他地區將有能力和美國一樣，也有能力進行一些美國政府無法發現的事，甚至還可能發現美國打算進行的計畫。

> 然而，如果我們無法創造更複雜先進的元件，難道就意味著創新已死嗎？當然不。我希望我們能更有效地利用我們的知識和能力探索當今其它更好也更快的其它不同架構。例如生物運算或開發出更像大腦般運作的電腦，而非僅接受二進位運算的電腦？

這篇報導說明了兩件事：

1.創新價值如果沒辦法使得P&AE>1，這些以設計與製造技術領先為先決條件存在的公司會受到這種財務「危機」的影

響，因為這些公司在商業的主導地位是以設計與製造技術領先為生存的先決條件。如果一家公司只是在設計與製造技術領先，卻無法為公司創造出營收價值，充其量這類公司只能算是一費用單位的實驗室。

2.價值的創新，不一定需要在同一技術軌道上發展，尤其是工程技術的發展走到科技發展的P&AE臨界點時。回頭想想怎麼同時做好價值的創新與P&AE的兼顧，才是最正確的路。

結論：

1.你所提供的價值鏈價值最終必須能商品化，才是真正的有價值！否則就是公司的負債！

2.以代工為主的富士康在價值鏈中的價值這一點上做的很好，以eCMMS為主軸。沒有訂單，不盲目做製造投資，不建廠房，不買設備。意即客戶如果要Foxconn承擔投資，建廠房，買設備的風險，Foxconn會反過來要求客戶提供訂單保證，以降低P&AE的下滑風險。Foxconn對併購或技術之取得，也都以能達成eCMMS營運模式出發做佈局，的確在代工製造業無人能及。坊間很多人認為鴻海富士康只是一家代工工廠，這其實是對鴻海富士康的運營完全不了解，鴻海富士康具有拿下全球TIER 1級客戶訂單能力的佈局，在行業中，應無人能出其右，可以說是根本沒有對手，原因就在鴻海富士康有其獨到的為目標客戶提供價值創新體驗的服務佈局！

C. 價值鏈的產品價值創造怎麼做？

產品價值創造，必須從提升客戶體驗為出發點去做，因此這是一件極其困難的工作。因為新產品要打破客戶心中對舊有產品在其心中的「客戶體驗定錨差異」很困難。

說明例：客戶體驗──潘尼百貨學到的一課

（資料來源：2013年EMBA商業雜誌）

強森（Ronald Johnson）是蘋果公司成功推出零售店的背後主腦。二○一○年，積弱不振的潘尼百貨（J.C. Penney）因此決定挖角這顆明星，希望他能帶領公司走出困局。

強森當上潘尼百貨執行長後，提出了一個革命性的做法。他認為，潘尼百貨每年推出數百個大大小小的折扣活動，少有顧客是以原價購買東西，不如，商品從一開始就以固定的折扣價推出。當顧客知道公司全年都是最低價，不用等打折，隨時都可以下手撿便宜。

十七個月後，潘尼百貨證明強森的做法無效。光是去年第四季，公司就足足虧損了四億二千多萬美元，今年四月，他終於被迫下臺。他的失敗，也因此值得深入探討。

事實上，強森的想法在理論上說得通，確實引起了業界的注意與好奇。許多零售公司表面上不贊同強森的做法，事實上緊張地觀察，如果真的奏效，零售業將出現新的訂價遊戲規則。

五月初，時代雜誌以「潘尼百貨重新推出虛假售價，當然

還有許多折價券」為標題，專文探討強森單一訂價策略的問題。時代雜誌指出，強森當時向消費者保證終結「虛假售價」，公司不再玩零售業常見的老把戲：把原始訂價訂高一點，之後再祭出打折，讓消費者產生「賺到了」的錯覺。

對消費者來說，「不再有折扣」是一個戲劇性的購買定錨轉變。強森賣給顧客的價格固然從一開始就打折了，但對消費者來說，沒有原始價格再打折，就少了一份促成購買的吸引力(缺少了買就賺到了的滿足感)。

原因之一是，如果每天都是最低折扣價，消費者沒有需要立刻購買的急迫感。

原因之二是，如果每天都是最低折扣價，消費者買的時候少了一份划算的感覺。

原因之三是，如果每天都是最低折扣價，消費者可能質疑產品的品質，降低購買意願。

原因之四是，如果每天都是最低折扣價，消費者不會相信這是真的。

強森下臺之後，潘尼百貨推出了一支新廣告，跟消費者道歉。廣告旁白說：「這不是什麼秘密，近來潘尼百貨改變了，有些你喜歡，有些你不喜歡。犯錯之後，重要的是我們學到了什麼。我們學到了一件非常簡單的事：傾聽你的想法，請你回來吧！」緊接而來的母親節檔期，公司推出了一大堆折扣活動。

結論：

1. 新產品相較於舊產品，在客戶心中的「客戶體驗定錨差

異」必須是正向的，客戶體驗才能發揮作用。反過來看，如果新產品相較於舊產品其客戶體驗定錨差異為零，新投入的產品，充其量只是增加市場總供給量，造成的效應就是產品供應過剩全面跌價。這是為什麼走「抄」為主的產品售價一波低於一波之因。此也造成產品品質會越來越差因為必須偷料工費！

2.沒有客戶體驗，就是 Me Too! Me Too的通規通常順風就是賺小錢，逆風時賠大錢。

說明例：

日本家電大廠，例如Sharp & Panasonic等，為何在平面電視產業上賠了大錢，且翻不了身？

對於這一問題，最主要的原因是電視產品的數位化/同質化所造成。產品數位化之特徵為，幾乎所有平面電視都共用主晶片平臺，大家的設計都圍繞著主晶片平臺去設計，這也意謂著該產品沒有顯著可視的客戶體驗差異性。所以當你在賣場上選購電視時，剩下的幾乎只是比價。因為產品數位化，造成電視產業的進入障礙很低，所以你可在此產業看到許多新廠商加入，例如奇美、BenQ等。也因此日本家電大廠的平面電視性價比早就蕩然無存。現實的情況是多數人不會願意多花50%的價錢，去買一台看似相同品質的電視，因此日本家電大廠平面電視慘賠是必然。以下為Sony與Panasonic經營電視業務的現況。

2013年10月，Sony與Panasonic日前公佈了最新的財報預測數字，讓眾家財經分析師紛紛加入了讚揚Panasonic的行列中，同時放棄了 Sony。在7月至9月達到193億日圓(1.97億美元)淨損的Sony近日發出警告，表示該公司恐怕無法達到先前的全年營利目標。

Panasonic的轉虧為盈是拜大刀闊斧的組織重整之賜，該公

司放棄了電漿電視以及智慧型手機業務,並將部分資產出售。在Sony這廂,分析師們紛紛責難該公司對已經呈現赤字的電視業務獲利預測下修;Sony日前表示,該公司電視業務在4~6月於三年來首度呈現獲利52億日圓(5300萬美元)之後,本季又出現了93億(9500萬美元)日圓的營業虧損。

對於Sony與Panasonic的未來,市場觀察家的普遍看法是,誰能果斷地儘快拋棄電視業務,誰就能越快讓業務發展走向正軌。

► **怎麼做出定錨差異:**

正向客戶體驗定錨差異通常的做法為:

1.加強市場的調研與分析,提升產品在目標市場可以產生最高收益。例如,陸續在目標市場興建了產品企劃及設計中心,以掌握市場新興趨勢,及把設計人員送到跨領域環境磨練,包括時尚、化妝品等多元的產業實習,以獲得嶄新的思考方式,目的即在於打破客戶心中的定錨差異。

蘋果產品特重工業設計(ID設計),也用跨不同產業的人做ID設計,其目的即在於做出正向客戶體驗。

2.加強產品在目標市場的安打比率(Hit Rate),以降低產品的開發費用。提高安打比率,這也是為了要打破客戶心中的定錨差異。

3.建立起累積工程經驗的智慧平臺,以面對市場快速變化之需求,加速衍生及擴充新產品。這是為了要讓客戶滿意,要貨有貨,加速產品上市(Time To Market),更為未來得以進入AI鋪路。

4.找對目標客戶一起幹,跟著創新需求走。沒有創新及加速產品上市,就沒有P&AE,這是3C產業之特質。

問題思考4:

◈ 你認為中國10月1號及11月11號網路上銷售的主流產品應是
哪些類產品?

問題思考5:

◈ 你認為德國的工業4.0在創造些什麼價值?

D. 怎麼定義客戶需求

► **TI的做法:**

透過上門拜訪及做簡報,報告公司的經營定位、規模、技
術服務、及產品發展趨勢,並間接試探性的瞭解客戶需求。

這其中,最關鍵的簡報在於持續性的技術服務,及產品發
展趨勢的介紹上,以達成以下目的:

1.行銷自己:讓客戶認識你及認同你對他的價值。

2.客戶基本情報訊息收集:收集客戶基本資料,特別是產品
發展藍圖規劃、技術發展藍圖規劃,與供應商發展藍圖規劃,以
及認識客戶端的負責高管。

3.客戶特別情報訊息收集:尋找客戶價值鏈與供應鏈之切
入機會點。主動對客戶提出對其供應鏈有價值的營運模式服
務,通常這是長期合作的開始。越早參與客戶的新產品開發專
案,並將客戶的產品問題,視同自己的問題去解決,生意越容易
做成。

4.有機會做多少生意:當然希望能把能做的生意機會,及
未來潛在的生意機會全部評估出來。並決定要報告哪些內容?

5.有策略原則的思考，誰才是我真正該服務的客戶？

對的客戶策略原則必須是：

A.門當戶對。

B.在相同產業中，營收持續穩健成長。

C.有誠信(CREDIT)

TI不與沒有企業倫理的客戶往來。這點其實非常重要，避免投入很多寶貴資源，最終因為客戶的誠信問題而收不到錢。此也說明「挑」客戶是極其重要的，絕不是有生意上門就接。好的客戶會與你共同成長，爛客戶會把你整垮！

選錯客戶，對企業而言，其最大的衝擊在於P&AE的下降與不穩定，造成不穩健經營，此會嚴重影響到經營面佈局，不得不慎！

6.製造高管互訪交流的機會，增加彼此的瞭解。

► Foxconn的做法：

Foxconn定義客戶需求，依以下程序：

1.設定3C產業中的客戶。

2.挑選產業中量最大的前1/2名(TIER 1/2)客戶。

3.以供應鏈中製造價值的觀點，分析客戶的營運模式及供應鏈需求，以找出客戶需求切入點。

4.找到目標客戶後，開始設立客戶在地的服務辦公室。

5.從價值鏈出發準備客戶與Foxconn雙贏的營運計畫書呈客戶，及定出Foxconn的營運模式型態及能力介紹。CMM是最常被使用的營運計畫。

6.從價值鏈出發，佈建客戶專屬的客服組織。

7.找對的人，放對位子，把事做對，並做好客服。

8.關鍵時刻郭董親自出馬，以推升服務誠信。

Foxconn強調，制定BU營運模式、挑客戶、挑產品、找技術及找人才均是CEO的任務。以郭董之能耐，這些絕對是績效卓著的。由以上過程可知，Foxconn是一家以營運模式及策略打頭陣，再嚴格執行既定戰術的有紀律BU組織。Foxconn現在可以做的這麼大，絕非偶然。

▶ 客戶真正需求怎麼產生

客戶需求有2種類型，分別是潛在真正的需求及必須驗證過的需求。為什麼會有這類差異?主要造成原因在於，技術資訊之不對稱差異，及破壞既有利益鏈之障礙反彈。

由於技術資訊之不對稱，解決同一問題時的思維模式就會不同，這是合理的。但因客戶需求之源頭都是聽來的，是與人際關係的強弱有直接關係，因此需求驗證絕對為必須。

當拜訪客戶時，客戶所提出的需求必須被忠實記錄與做事後分析，以找出客戶真正要的是什麼。如果只聽客戶說的，而不做分析，通常會因為客戶行銷及產品開發不順，反而造成自己P&AE下降，而深受其害。甚至客戶為了自己的既得利益，會反過來做了一些對你有暗傷之事，而你還不知道，這將是最大的悲哀。

▶ 必須要驗證過的需求怎麼做?

以下準則之應用，應足以驗證客戶需求之可信度

第一條：天下沒有白吃的午餐。

第二條：物以類聚。

第三條：觀客戶之行，核對其言。

第四條：渾沌環境之中，想清楚誰是最終的受益者。

這4條準則應可助你走出茫然。

E. 怎麼產生營運計畫書？

充份了解客戶的經營狀況、企業定位、營運目標、營運策略、組織規劃、加上你本身的核心競爭力強項，才可以產生你對客戶有價值的營運計畫書。

TI 對策略客戶的營運計畫服務做法：

組織專案團隊，包含產品市場經理，技術工程經理，產品設計工程師，技術應用工程師，系統軟體工程師等，進駐用戶端，協助客戶解決其產品上市前屬TI應執行的工作。目的是提供其—TI所能提供的Total Solution 方案，除鞏固雙贏關係外，更重要的是防堵競爭對手的進入。當年Nokia手機市占第一時，TI曾派駐相當多的資源到Nokia各研發單位協助客戶做產品開發。

說明例：在1995年時，全球主要PC供應商所面對的供應鏈狀態，如圖3-2。

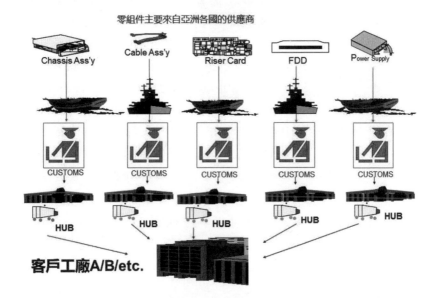

　　由圖3-2可看出PC系統零件供應到用戶端是極其複雜的，不僅PC供應商要花很多人面對不同供應商，更要花很多時間處理交期及品質問題，尤其是在產品零件及PC系統匹配(FORM、FUNCTION、FIT)上。

　　1996年FOXCONN加以價值鏈整合後的PC系統產品標準化後供應鏈狀態，如圖3-3

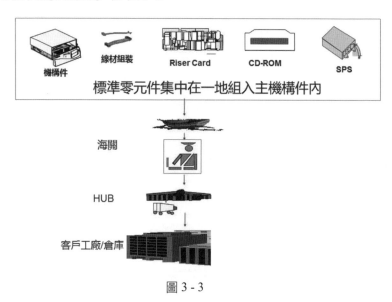

圖 3 - 3

　　這兩種狀態的最大差異在於：

　　1. 為客戶在供應鏈管理上省下巨大的成本，並簡化了用戶端很多Sourcing的工作，及簡化了供應鏈管理的複雜性。

　　2. 客戶產品更有價格競爭力

　　3. 預先可以發現零/元件設計與開發問題，及早把預防品質做好，並因為供應商及早參與了研發，能更精準的掌控制

程管控重點，因此為用戶端之組裝及RMA省下巨額費用。

筆者自1995年授命於郭董負責為Foxconn上述BU建立新產品設計開發系統與全球品質保證系統，在筆者任Foxconn集團品質總監期間9年內，Foxconn對所有客戶出貨，其產品品質與服務都做到世界第一，這是因為Foxconn有一套非常好的新產品設計開發系統，與全球品質保證系統。由於這2套系統發揮了效力，製造訂單達成率極高，交貨很準時，因此訂單源源而來，結果是P&AE更有競爭力。Foxconn走到今天這麼大，事出有因，絕非偶然。更重要的是，Foxconn以此模式通吃了機/電/光/軟體/系統整合，完成了一站式採購的PC系統交貨策略佈局大業，並複製到其他的3C產業與產品製造上。

這也說明了成功一定有方法，最常見的方法為：「挑戰式銷售營運計畫」。挑戰式銷售營運計畫，是基於客戶調查和新科技、提出新商業模式營運計畫，展開銷售挑戰。如果原有供應商之前只是把「寶」壓在關係上，那麼這時就會非常被動，客戶被新供應商搶走的概率極大。Foxconn當年到美國去拿PC Bare Bone的單就是最佳範例。

問題思考6:

◇ 1.從供應鏈效率上看，什麼是Foxconn CMM(Component Module Move)模式在PC產品上的定位件？

◇ 2.從CMM模式的定位件去看，什麼是該定位件產品的必須核心競爭力？

◇ 3.從Foxconn CMM模式去看，為什麼Foxconn 不對外接模具開發的生意？

F. 怎麼產生產品發展藍圖？

一家上軌道的公司必須使得「Star」、「Cash Cow」、「Dog」、「？」能持續轉動，否則很難有能力做品牌行銷。這其中「Star」與「？」通常存在於產品發展藍圖中。

對一品牌公司，產品發展藍圖之產生與企業定位、目標、經營策略的方向有關。

對一製造代工公司，產品發展藍圖係由營運計畫書中所提供給客戶的產品與服務而產生。

因此有的公司一年只出一兩款經典手機，但把手機客戶體驗做到極致，例如蘋果。有的公司一年出上百款手機，通殺各層客戶群，例如SAMSUNG。企業只要是有足夠的開發資源，及對的核心技術來源，產品都可按發展藍圖做出。但怎麼把產品發展藍圖與服務創新能夠結合，以產生巨大的雙贏效應，就絕非易事。發展品牌最困難的事是，怎麼定義到底客戶要什麼，而這必須由產品發展藍圖產生。怎麼把客戶體驗轉換成工程設計，是一件極不容易的事。手機商M公司及N公司都曾在市占前端，最後都被併購，絕不是因為R&D能力不足。他們的失敗是敗在產品發展藍圖的定義上。

軟體巨人M公司，在1991年之閉門產品發展藍圖會議上，決定只發展會議結論的前10項產品，而放棄第11項網際網路相關產品，受此決策影響，M公司到現在還沒從重傷的元氣中活進來，可見產品發展藍圖對品牌行銷公司的重要性。

G. 怎麼產生技術發展藍圖？

▶ 技術發展藍圖的程式為：

定義技術遠景 ➔ 技術策略 ➔ 技術研究計畫 ➔ 執行 ➔ 技術

檢討與評估。

發展技術藍圖依靠的是資源的平臺，資源平臺基本上包含以下內容：

組織規劃，研究人員，專利與新知識來源，資金來源與技術資訊。你的營運計畫書＆產品發展藍圖，將指引你短期內發展核心競爭力的方向。過去Foxconn為何不斷買技術?例如買朋X是為了進軍Cxxx客戶，買普Y是為了進軍Nxxx，這些都是期望可以滿足客戶可以一站式購足的eCMMS模式運營需求，把製造代工效率做到極致。

Apple前總裁Steven Jobs曾向Oracle總裁Larry推薦若要找製造代工，交給Foxconn就對了，因為Foxconn可以有品質的幫你完成一切。

H. 怎麼做客戶調查？

客戶調查是銷售過程的一個重要環節，一般從7個方面著手：客戶的行業生態、公司定位、核心競爭力、營運模式與策略、業界市占＆排名、競爭對手以及這個客戶的產品賣給誰。但最重要的環節是瞭解客戶的市場定位和競爭對手情況。客戶調查的目的是瞭解我是否找對了客戶?或是讓客戶主動找上你。

優秀的銷售人員會調查客戶的競爭對手，並在瞭解客戶市場定位的基礎上，與客戶「站在一起」，戰勝競爭對手。

▶ H1.什麼是客戶調查的初級資料？

客戶調查的初級資料的主要來源是與客戶坐下來直接的面談，或是透過一個小組成員的組成，觀察目標客戶的營運方式及商業倫理。

► H2.什麼是客戶調查的次級資料?

客戶調查的次級資料,主要來自產業文獻、採購或競爭者的報導消息、客戶的員工報導消息、Google 搜尋報導消息或相關的公司網站等。通常次級資料必須經過過濾才能使用。

個人也看了很多網路上對富士康的報導,其中多數皆是負面的錯誤報導,真是沒有免費的午餐的客戶調查。

► H3.客戶資料收集應包含:

1.基本公司簡報。

2.高管&產品線組織架構。

3.工程技術與核心競爭力。

4.全球供應鏈的能力。

5.市場企劃、業務策略及績效如何。

6.BU產品線的財務報告。

客戶調查主要目的就是要瞭解:調查客戶所在領域有哪些新科技,可以挑戰它的傳統供應商,讓它選擇你。所以,客戶調查的一個重要方向是:搞清楚你有什麼辦法去挑戰客戶供應鏈上已有的供應商。

► H4.誰該做客戶調查

公司能夠從流程上給銷售人員次級的資料調查。公司可以提供客戶調查工具,例如坊間的一些CRM可進行客戶調查的軟體功能模組,可以很容易地調查到客戶的財務狀況、公司新聞等。如果要更專業的資訊,就需要市場調查公司來幫忙。

但是,在流程上更需要強調的是:在很多國際公司裡,市場調查工作是產品市場部門來做的。市場部門調查之後,會把這

些資訊給銷售部門，銷售人員只要會運用這些資訊，就可以提高銷售效率。這說明了市場部門是標定客戶的炮兵部隊，而業務部是步兵，通力合作才是成功之道。而事實是，在理想的流程裡，新客戶都是由市場部門產生的。

市場部門調查客戶，銷售部門跟進客戶，這種模式在美國是非常普遍的。這是一個比較合理的銷售流程。而首先讓市場部門調查對方是否是潛在客戶，篩選後才交給銷售人員，才是提升企業P&AE最好的方式。

I. 選客戶的準則

客戶的選擇直接影響到企業營收，也就直接影響到企業的P&AE，因此必須非常慎重。客戶的選擇準則如下：

1.實力相當，門當戶對。

想做蘋果手機1億支20%的生意，你必須要滿足具有8000萬零元件的產能，以降低掉單後之經營風險。

必須選擇符合公司發展策略道路上，及營運模式匹配的客戶。

2.CEO的人格特質與品德很重要。

3.帳信 & A/R (應帳款)必須良好

4.業務趨勢是正成長，最好產業也是正成長。

筆記

交流訊息：

kcliu@letussmart.com

kcliu@Doubleright.com

第 四 章

洞察力與相關主題

找出企業的營運模式之前，必須先具備洞察力，以下為洞察力之相關內容介紹。

❖ 洞察力(Insight)是什麼？

洞察力是：

1.先定位自己企業的定位及存在的核心價值。

2.深入洞察自己定位所處的產業中，其產品、目標客戶及供應鏈中之潛在機會點。

3.再從第（2）項內容中，找出最適合自己去做，且以最獨特（Unique）的價值去服務目標客戶的營運模式產生過程。

4.洞察力是要具備基本功的，必須經歷、經驗要都懂，才能有體驗。

❖ 洞察力(Insight)的體現

洞察力的體現基礎在於必須經過3個步驟，分別是：

► 步驟1.經歷(HISTORY LOG)：

經歷的定義是：隨時間而行的行事記錄，是一個人過去曾經做過什麼。

通常評估一個人的能力，必須以這個人曾經做過什麼去判定，但也只能當參考用。例如，履歷表上寫的做過，就只能做參考用。

► 步驟2.經驗(experience)：

經驗的定義是：是經歷＋P－D－C－A 執行過程之取經；是不二過經歷能力的驗證。

如果做一件事，再走過去相同的過程還會出錯，根本就是沒經驗！

做任何事找諮詢，必須把握「No Experience, No Judgment！」的原則！即永遠不要相信沒相關經驗的人給出的判斷！

所謂的有判斷力，指的是要會判斷被你請來做諮詢服務的對象，以前是否真正的在現場、在那個位子上，真正的做過你要諮詢的事。如果沒有，就是沒實務經驗。找沒實務經驗的諮詢做服務，最終的結果就是失敗及浪費時間與金錢。

富士康在「No Experience, No Judgment!」這方面做的很好。郭董要做任何事的諮詢，一定請教該業界的真正高手，避免浪費時間及金錢。在富士康，經驗是這麼定義的：

實務經驗＝實務花費時間＋實務花費金錢（的投入）

此也說明：

沒經驗＝浪費時間＋白花金錢（的投入）

這真的是天下沒有白吃的午餐的最佳寫照。

❖ 看看企業找諮詢的誤區

有些公司，找顧問去協助經營或管理改善，而被該公司找去做經營或管理諮詢的顧問，過去根本沒有沒幹過那個職位，這跟叫你去開飛機，卻找個只坐過飛機，但沒真正開過飛機的人要去開飛機是一樣的道理。錯誤的發生，就在於找了一個便宜但沒經驗的人幫你做了一個不知對與錯的判斷！結果是你也許不用付錢，但你賠玩所花的人員資產費用及沉沒成本損失不少。這就是這句話的最佳寫照！

沒經驗＝浪費時間＝白花金錢（的投入）

67

▶ **步驟3.體驗**(Delta experience)：

體驗的定義是：以經驗為基礎的創新營運模式，**體驗來自經驗之改良，或來自以經驗為基礎的完全的創新。且能產生正向的客戶實務經驗差異效應。**

通常體驗來自需求，故而體驗需求為創新及發明之母。

洞察力小結：

有經歷，不一定會做事；

有經驗，可以做改善；

有體驗，可以做改革。

❖ 洞察力的思考方式：認識我是誰！

認識我是誰，這是自我定位！是「道」。沒有道，就必定走不出一條通往目的地的康莊大道。當你打開GPS，你首先被要求輸入的是查找目的地，當目的地設定完成後，GPS在執行開始導航前，首先要做的是找到你在何處的定位，這就是思考之道。接下來GPS要做的是，從條條大路通羅馬中，找到一條最適合你走的「路」到羅馬。這其中最適合自己走的「路」，其設定依據為「思考力+洞察力」。

我們所見的企業贏的營運模式，主要來自以下前臺思想的轉換：

思考力➡洞察力➡以策略成就企業會贏的營運模式──（前臺思想）

事實上，前臺所呈現的營運模式之所以能簡單化，是由後臺複雜化之邏輯處理而產生。企業要產生會贏的營運模式，後臺要先具備以下思想能力：

A.企業的清楚定位（Positioning）

B.瞭解企業的核心價值—核心競爭力(CORE COMPETENCE)

如果企業不具備以上能力，不可能會產生贏的營運模式。這裡也說明了**企業要做到 P&AE 的最大化實現，主要要靠企業經營面，不是管理面！**

❖ 洞察力需具備的經歷

洞察力之養成，需具備以下的經歷過程。

1. 理解既成的策略理論與成功模式——「抄」

這是做課本與教材上的過去歷史研究。

2. 有能力解析既成策略理論與營運模式的框架——「研究」

這是企業必須自己去想的、去分析研究比較的，重點放在怎麼使營運模式其俱有可比性。

3. 有解決實物問題的思考力——「研究」

這是第2點再加上有資源限制下的邏輯分析能力。這必須是高度、廣度、深度、速度的整合思考。

► 洞察力養成需具備的經驗

1.有洞察力的經歷——「抄/研究」

2.能分析敵我營運模式之差異，並能分析；

A.公司的營收的潛在成長點在哪？公司裡哪個功能是賺錢必須的核心能力。

B.公司裡哪個功能缺乏競爭力，必須採取的佈局對策為何？

C.有能力做競爭對手的營運模式及SWOT分析，懂得學習

對手的長處，並知道攻其弱項。

► 洞察力養成的體驗

1.能夠根據企業經營洞察力的經驗，且依據體驗方程式，規劃出使產品與服務能產生客戶有強烈心動的、有價值感的營運模式——「創造」

2.有能力訂定企業之策略佈局與執行優先順序

例：蘋果公司的營運模式創新

Apple Computer ➡ Apple Inc.(公司改經營宗旨/定位)

iOS 構築平臺，加入APP夥伴，並肩作戰

Consumer NB ➡Ipad.（破壞型創新、載具）

Featured Phone ➡ Smart Phone ➡Iphone

例：（破壞型創新、載具）

蘋果公司的營運模式創新

音樂CD片 ➡ D/L Digital Music Contents（內容）

例：小米生態鏈之做法

以產品低價吸收客戶上平台，持續提供低價數位產品，建立起大的物聯網平台，賺供應鏈管理與物聯網平台服務的錢。

❖ 什麼是洞察力分析的方法論？

利用洞察力，找出企業能賺錢的獨特策略與營運模式，也就是會抓老鼠的貓，不管其是黑貓或白貓的方法。

❖ 洞察力之獨特策略構成要素

洞察力之獨特策略產生源於：

策略理論+Insight經驗➡Insight體驗

其中策略理論由學習而來；

Insight經驗由分析練就出來。

策略理論與insight經驗之理論與實務相結合，才能產生贏的策略與營運模式。

❖ 洞察力（Insight）思考的組成要素

► Insight思考的組成要素包含3項，分別是高度、廣度與深度。

Insight的思考順序為：高度➡廣度➡深度

其中，高度：指的是產業鏈關係。

廣度指的是供應鏈關係。

深度指的是自我定位及價值為何。

這種分析問題的思考方法，將決定洞察力的準度與策略的準度。

► Insight執行的組成要素

企業內策略任務的執行，其主要依據為組織規劃與人才能力，其中

組織規劃能力+人才能力➡決定執行的精度

組織規劃能力+人才能力+資源➡決定策略執行的速度

1.速度是解決問題能力的指標。

2.P & AE之體現是洞察力成果的指標。

▶ Insight分析速度決定因數

Insight分析速度決定因數，取決於圖4-1所示。

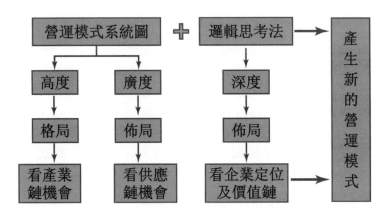

圖4-1

說明例——張忠謀：創業成功的三個必要條件，取材自網路《商業週刊》內容。台大副校長湯明哲（以下簡稱湯）對台積電董事長張忠謀的訪談。

台積電董事長張忠謀（以下簡稱張）：「時勢造英雄、英雄造時勢」這句話其實是中文的諺語，在英文不太常聽到這樣的說法。我覺得成功的機會都是：「環境」、「潮流」跟「個人」——也就是你所稱的英雄，這三者交集的結果，缺一不可。

注：張忠謀這段話中，其中「個人」是個人的定位問題，「環境」、「潮流」必須靠個人所具有的洞察能力去判定。

一開始蘋果的成功，是1975、1976年時，當時的個人電腦（PC）技術已經有相當成熟度，主要零元件IC及硬碟的技術已經進步到一個程度，使得個人電腦成為一個可以放在一張桌子上的東西，不像以前電腦的體積都要大到佔據整個房間。這些就是當時所具備的環境。

注：張忠謀這段話中，其中IC及硬碟的技術的發展，使得個人電腦產業環境日益成熟。

而蘋果的第二個高峰是iPod的誕生，也是因為當時環境具備了。下載音樂的技術，大概是五、六年前才成熟，如果沒有這些足夠的環境條件，光是一個賈伯斯，起不了太大作用。而他並沒有產生這個環境，這個環境是幾百萬人產生的！

注：張忠謀這段話中，表示由於網路環境的發展，使得內容服務平臺環境日益成熟。怎麼有效益的利用這個平臺環境去創造價值，是要具備洞察力的。

第二個必要條件是潮流，也就是市場需求。因為生活方式的改變，年輕人喜歡戴著耳機、戴著iPod，甚至跟你講話都戴（笑），這是潮流。這個潮流也不是賈伯斯產生的，但他充分利用了這個環境與潮流。

注：年輕人通常才是新潮流的創造者！

所以，當環境和潮流具備了之後，懂得掌握時勢的英雄適時出現了，就是賈伯斯。

注：張忠謀這段話中對於Steven Jobs怎麼運用成熟的網路環境及使用內容服務平臺去創造服務價值，敘述的不夠。事實上，是Steven Jobs有過人的洞察力，他主導Apple開發itune平臺，與音樂CD公司談合作，提出合理的單曲CD音樂銷售計畫，防盜

錄計畫，設計有客戶體驗的隨身聽載具ipod，而這一系列將洞察力轉換為營運模式的動作，為Apple的產品創造了極大的效益。

> 所以與其說是「英雄造時勢，還是時勢造英雄？」我倒覺得，不如說「環境、潮流和英雄都是必須具備的條件」。當環境、潮流和英雄這三者同時具備，才會讓所有的事發生。星巴克也是利用了潮流。喝咖啡變成不只是喝咖啡而已，咖啡要講究了，還要有地方上網聊天，這是生活方式的改變。在這個潮流下，霍華德‧舒爾茨出現了，所以星巴克的成功，又是一個潮流、環境與英雄的交集。霍華德‧舒爾茨絕不是逆流，而是順勢。

注： 英雄造時勢，還是時勢造英雄，其實都不是，必須是兩者撞在一起才有可能成功。張忠謀這段話中對於星巴克的描述是，霍華德‧舒爾茨設計出了客制化的咖啡文化，及差異化的服務體驗才成功的，而這是要有洞察力的。個人絕對相信霍華德‧舒爾茨是個對喝咖啡極度挑剔的人。

湯：那台積電呢？

張：台積電，也是環境、潮流與我個人的交集。環境與潮流是什麼？不是我產生的，我沒有造成時勢。

當時的環境有兩個條件，第一個是在1975年，孫運璿先生決定建立一個大型的積體電路的專案。他不只是講講而已，而是真的花了許多錢投資，找了一批人，到美國RCA（美國無線電公司）取經，還擴大規模繼續研發。所以從1975年到1985年台積電醞釀成立時，這個計畫已經進行10年了，這是第一個條件。

第二個條件是當時IC產業已經漸趨複雜，蓋晶圓廠變得困難許多。因為摩爾定律，每18至24個月，積體電路的密度要

增加1倍，因此，到了1985年時，積體電路已複雜到相當的程度，蓋廠需要相當多資本，要1億美元，龐大的資金並非一般人能夠募得，創投基金也無法提供那麼多，所以要創業的人，在1985年當時的環境下，就變得相當困難。

沒有張忠謀，會有台積電嗎？在1985年看到所有條件俱備，全世界我是第一人。1985年我到臺灣時，是第一階段；那時我在這個行業已經30年，當全球IC產業的最高主管也已經13年了。

那個時候，德州儀器是全球最大的半導體公司，它的確是高樓，我不敢說我獨上高樓，那時半導體業的其他最高主管也在高樓上，但他們沒能看到我所看到的第一個條件「環境」，也就是臺灣的機會。

第二個條件，是市場需求，也就是潮流，大家都能看到，美國人也能看到，可是他們沒有去思考跟掌握。

我講個故事，1984年，我在通用器材（General Instrument Corporation）的時候，朋友想創辦一個半導體公司，找我募資，開口要5千萬美元，我很有興趣，等他的商業提案計畫，可是等了兩、三週，都沒有消息，於是我主動打電話給他。

結果他說，「我現在不需要5千萬，我只要5百萬美金，這個錢我自己可以找到，所以沒有再去找你。」我吃驚的問他，「所以你放棄蓋晶圓廠了？」他答，「對，因為現在日本公司可以代工。」

他是第一個提醒我，原來創辦IC公司所需資本，已經高到不太可能自己創業的程度，如果想創業，就要像他一樣，必須找人代工。

這就是專做代工的機會出現的時候。我後來就研究了一下，

日本公司幫忙代工,要求什麼回饋?代工對它來說,其實是不太歡迎的生意,所以它要求銷售權,「給我產品銷售權,讓我用自己的牌子銷售。」可是後來發現,市場上都是日本代工廠的品牌,這與無晶圓廠的IC設計客戶利益衝突。

注:張忠謀這段話中,對於當時IC產業之IDM(Integrated Design & Manufacturing)營運模式發展的趨勢,及會產生的變化,掌控的相當精準,張忠謀此時也看出了晶圓代工可能會是機會,如果他不具備IC方面的專業深度,他也不會具備晶圓代工機會的洞察力。

要看到上述這種代工模式可不可行,也就是要「上高樓,望盡天涯路。」

湯:等於說,英雄少了前面的經驗,幾乎是不可能集合所有成功條件的。那麼如果沒有您,臺灣會有晶圓代工業嗎?會有台積電嗎?

張:我在這20年當中,也想過這個問題。假使我還在德州儀器,沒有回到臺灣,我覺得很有可能臺灣發展晶圓代工會比1985年晚,而我可能會為德州儀器設立一個晶圓代工公司。可是德儀董事會會不會通過,那又是另外一個問題(笑)。

湯:(笑)不會的。我曾說笑,如果在1985年,拿台積電的營運計畫去敲IBM大門,IBM會說,Come on, get out here. 我自己有我的產品,幹嘛做這麼小的生意!大公司不會去做這麼創新的生意。

注:1995當Foxconn決定進入PC Bare Bone產業領域時,郭董說:我之所以會贏,是因為大企業如TOYOTA或FORMOSA集團,或有能力做此產業,但他們看不上這生意;小企業是可以

做，但玩不起，因為整合供應鏈是要極大資源的，並且還得把產品品質做好。郭董說：看看這些小企業的工廠管理就知道，這些小企業根本不會是我的對手，我怎麼會不勝出？1995年Foxconn要切入PC Bare Bone產業時，郭董早已具備過人的洞察力。

我看如果沒有您的話，臺灣要產生晶圓代工，至少要晚10年。因為您認識全球半導體的主管，您也知道制程，知道成本，知道用什麼價格您可以拿到生意，當時臺灣沒有人有這樣的經驗哩？

張：我剛講了兩個條件，還有第三個條件，或許您可以說是因為我的緣故，所以出現了肯出資本的人。那時李國鼎先生對我有信心，飛利浦（Philips，台積電原始股東之一）對我也相當有信心……。這是台積電的開始，但要成功路還相當長……。

注：英雄造時勢，還是時勢造英雄，其實都不是，必須是兩者撞在一起才有可能成功。其中還要有伯樂。李國鼎先生對張忠謀有信心，張忠謀才有機會把台積電做成今天這個樣子。我的伯樂是以前在TI的同事王桐生，是王老大把我引薦給郭董的，讓我有機會參與了鴻海做強及做大的盛宴。

但如果我當年沒有到臺灣，我絕不會創台積電，也就不會有台積電今天的成功。

湯：的確，從台積電的例子看，環境、潮流與個人要有交集，但這三個到底哪個比例會比較重？

張：我想那個環境還是必要的，假使我們沒有一個積體電路的項目，沒有一個肯出資本的單位，我不能夠……。

注：企業要能勝出，必須要定位，及有對的營運模式與策

略。如果沒有洞察力，知道環境已來臨，也不一定會成功！更重要的是要有資源的支援，可以執行的下去！

例：有資源的支持的重要

小米科技創辦人、獵豹移動董事長雷軍，2015年一月十三日閃電來台，該公司執行長傅盛在移動互聯網兩岸年會上承諾，將拿出新臺幣一億元，以校園競賽方式，獎勵臺灣年輕人網路創業。事實上，獎勵年輕人創業的臺灣企業，大有人在。例如鴻海董事長郭台銘成立的新臺幣兩億元創投基金。相較之下，傅盛口中的一億元，既不稀奇，也不夠闊綽，但，卻足以讓臺灣年輕人趨之若鶩。因為，他要收服臺灣年輕人，靠的不是錢，而是背後小米、騰訊和百度的股東資源，以及其在中國當地的人脈。過去，臺灣新創公司以被美國矽谷投資為榮，現在，若能被中國阿里巴巴、騰訊、小米點名投資，就像是為公司履歷「鍍金」，其投資金額背後產生的附加價值，足足超過獵豹移動祭出的一億元。

湯：英雄無用武之地？

張：對，英雄無用武之地。

湯：看起來，企業創新，還是要時勢加一個英雄才可能會發生，沒有時勢，只有英雄要造時勢……，歷史上的企業很少。所以接下來的問題是，如何從您身上學到掌握機會？掌握時勢？讓企業創新發生？

環境，每個人都會碰到的，賈伯斯碰到的，其他人其實也有碰到，但為什麼是他，而不是其他人成就了事業呢？我們在學校教學生，成功CEO的要件，是要成為具有評斷力的思想者（Being a critical thinker），這已經很難了……

張：對，還要有一點勇氣。就台積電來說，我當時的勇氣是

蠻高的。怎麼說呢？當時這個任務，至少有三個選擇，其中一個是，做一個非常小規模的自主晶圓廠；另外一個，是做IC設計公司；當時，別人已經在走的，就是這兩條路。但我選擇去走一條專業代工的路，那是沒有人走過的路。

湯：通常很難走一條與過去完全不同的路？選擇沒人走過的路，您需要多大的勇氣？

張：把我的過去聲譽，都放在賭桌上（做出下注手勢）了。我想過，如果台積電做不成功，我只能鬱鬱退休，我人生的最後一頁就是不成功。當然，做這場賭注的時候，我也評估過，當時我至少有五成的把握。

批註：Foxconn CEO說事情要成功，在於有：策略、決心與方法。決心就是目標既已定，就永不放棄。策略與方法就是「謀事在人，成事在天」，目的在於提升成功的把握。郭董在1995年要切入PC Bare Bone產業時，可是賭的非常之大，他準備了2億台幣的現金，預做萬一Foxconn無法做到準時交貨或產品品質出問題，而必須執行CMM營運模式的全球空運費用。由於郭董當時全力投入及嚴格督軍，這筆錢幾乎沒用到。

湯：但您過去所經歷的，不需要冒這麼大的險？

張：這我不同意。承擔風險（Risk taking），是美國文化的公司衡量經理人最重要的標準之一。事實上我在德儀(Texas Instruments)，幾乎是每天都被教誨要承擔風險，這是天天必須呼吸的空氣。

批註：張忠謀與郭台銘董事長都是Critical Thinker。個人相信他們對於洞察力的能耐，絕不是策略教科書上學來的，因為策略教科書上設的個案研究都已是事後的事實。而談企業策

略與洞察力，談的是環境與潮流趨勢，這是預測未來，這過程
會有極多的修正、調整與學習。如果平日不下功夫培養多方面
的能力，根本不會有洞察力，更不會有贏的策略產出，也產出不
了客戶體驗。

筆記

交流訊息：

kcliu@letussmart.com

kcliu@Doubleright.com

第 五 章

有品質的營運模式
相關主題

❖ TI怎麼做有品質的營運模式？

每一年，必須定義出公司的年度最重要執行工作順序。

在企業策略形成之前，先檢討企業經營，並抓出其中之重點，包含

1.定期檢討

TAM →SAM→ Suspect sales →Prospect sales→Real Revenue 。以及多少收益是來自內部核心競爭力。

其中：

TAM：Total Amount Available；即整個產業銷售金額。

SAM：Segmented Amount Available；個別產業銷售金額。

Prospect sales：展望可銷售金額。

Real Revenue：實際銷售金額。

2.挑選最匹配的客戶及定義要銷售的產品。

3.定出整個公司的營運目標。

4.按產品市場區分，做SWOT分析：

內部做SWOT分析，主要是瞭解年度計畫這場仗該怎麼打。

SWOT的分析內容包含強項、機會項(O)、弱項(W)、威脅項(T)。

再制定贏的經營策略。

做展望及區隔客戶需求，定出每季及當年的營運目標。

5.用客戶或自己要開發的產品發展藍圖指引銷售規劃、及銷售目標，以及做好技術發展規劃，及供應商發展規劃。

6.對營運目標做方針展開，及做好為達成營運目標所需的資源規劃。

7.落實TQC，含執行力與績效檢討，及持續執行P-D-C-A。

❖ TI的行銷怎麼做

TI把客戶類別分成4類分別是:

1.策略客戶

2.主要客戶

3. OEM

4.通路客戶

批註:個別客戶對TI的營收貢獻,是客戶類別分類的基準。

1. 不同的客戶類別,TI會提供不同的服務策略與資源對客戶做服務。

2. TI對客戶做服務是非常聚焦的,是絕對依P&AE的原則去落實。

❖ TI的產品市場開發技巧

TI強調產品市場開發人員應具備6種技能,內容如下:

1.諮詢技能:目的是為了在不冒犯客戶的情況下問問題,以及幫助商業情報的收集。

2.解決問題技能:提TI的技術方案給客戶使用,及協助客戶做出正確的決定。

3.利用平臺的概念,做好團隊溝通及資訊串聯。

4.專案管理技能:做好客服項目管理,使團隊間合作平順,及資訊及時共用。

5.簡報技能:對客戶及有關之參與者,能邏輯性的做簡報及做Q&A。

6.設計應用技能:懂得用技術語言與客戶做溝通,例如談產品應用、產品規格、設計準則、設計標準、測試方法等,以協

助客戶解決客戶端碰到的問題。

❖ TI的客戶關係開發中的4大應知應會單元

1. 必須了解TI與客戶關係的本質為何。

2. 要衡量得失，取得與失掉客戶訂單的結果會如何。

3. 必須與客戶使用相同的語言做溝通。

4. 瞭解彼此的營運模式&組織運營方式，做好對接。

▶ 說明例：TI謝兵談「模擬IC與數位元IC公司的業務模式」

謝： 類比和數位有一個本質的差異，就是類比是無所不在的，但它每個晶片的平均價值又很低。數位IC公司比如說應用處理器公司，他們往往要提到「與客戶建立戰略合作」，會用到很大氣的詞彙。數字世界新的浪潮過來，有人成為在浪尖上的弄潮兒，一下就起來了。原因是它的量很大，它的Dollar Value很高，踩著的公司一下就跟著飆起來了，但下一個浪要跌下來也很快。

解析：

類比IC是偏特殊規格，是小量多樣，且每顆IC是單價較低的產品。數位IC是有業界共同標準可遵守，且是有大量需求的產品，因為數字IC有大量需求，就表示拿不拿得下一筆定單，對營收的影響極大，所以客戶與供應商間之關係建立是屬於戰略合作。客戶的產品發展藍圖、技術發展藍圖與供應商分享的同時，也必須瞭解供應商的產品發展藍圖及技術發展藍圖，是否與其供應商的產品發展藍圖一致。如果不一致，通常客戶就會去找對的供應商合作。如果你是供應商，要與客戶建立戰略合作關係，就不能在產品發展藍圖及技術發展藍圖上，跟客戶

不一致而掉鏈子。

問：在項目中，是否要做更寬廣的服務，以協助取得更多潛在的生意機會。

謝：在專案中，要了解客戶的能力以及是否要做更深的工程服務，以協助客戶解決能力不足的問題，並協助取得更多潛在的生意機會。

► **說明例：TI謝兵談「模擬IC公司成功之道-潤物細無聲」**

而我個人認為，類比公司與客戶合作的時候，更多的是「隨風潛入夜」後面那句話「潤物細無聲」。如果你給用戶支援得好，從技術上、商務上、品質管制、生產能力配合得上的話，他對你的喜歡是通過很多細小事情的打交道來認識你，同時慢慢接受你。他一旦接受你之後，有一個詞叫pervasive，你會發現你的機會在他整個板子上到處都可能出現，但是你要真正跟他講某一個生意特別大很難講出來，所以這個特點又恰恰符合TI現在轉型上所做的一些事件，比如資源前置，我們的銷售、FAE要更多與客戶互動。

解析：

模擬IC是偏特殊規格，是小量多樣，雖然每顆IC屬單價低的產品，但對客戶服務卻是全方位的，並且一點也不能少。反而是如果你的服務不到位，很容易得罪客戶。做好有品質的服務包含：

A.正確的團隊組合，以配合客戶的新產品設計與開發需求。

B.任何不同的專案，都要使用與客戶相通的工程語言。

▶ **說明例：TI謝兵談「模擬IC公司有品質的服務競爭格局」**

但類比世界和數位世界可能有個本質的差異。你有一個類比IC產品做好了可能不行，有兩個產品做好了也只能說生意還可以，但如果真的要把它做成規模性的類比IC公司，可能需要幾十個產品，因為任何一個應用，就算手機這樣大體量的應用，如果你只是專注於其中一個兩個產品，那個量也只是一次性的，換代後就沒有了。

舉個例子，比如背光IC，其價格掉的很凶。在這個狀況下，今年我們做得很好，就算明年使出吃奶的力氣出貨量翻二倍，但是銷售額可能不會有增長了。所以，類比IC，你押一個產品不行，押兩個產品不行，可能需要一個完整的系列，這時候你的投入又會要很多，包括從生產製造能力、研發能力、市場能力和用戶配套的能力等。但當需要30—50個產品同時進行時，整個流程和團隊能力，沒有很強的Frame Work，它幾乎不可操作。所以，現在我們發現一個很有意思的現象，很多企業說做好一兩個產品，大家就會覺得它是後起之秀。而我的做法是將這些後起之秀放在牆上跟蹤，看它有幾個產品做得真的是很漂亮，量又很大，然後，如果他連著五個浪頭都能夠跟起來，那這個公司就不得了了。但是，到現在為止，臺灣、大陸真正很大規模起來的，成規模的不多，或者比大家五年前十年前想像的要少很多。這恰恰體現我們的優勢，幾十年的歷史不談了，更主要的是有一個很好的「架構」，將全面與靈活性很好的結合。

解析：

TI強大的客戶服務後勤資源(Frame work)及支援，包含R&D系統運作、完備的供應鏈系統運營，從接單到出貨，含製造系統品管系統等之管理及IT化，都是世界第一流的。而且，從

市場需求，到供應鏈系統之所有環節的供需履行狀況，含IC庫存、在那、最短交貨週期等，基本上所有資訊都是透明、即時、連動IT化的，這是TI最強的核心競爭力，也是TI可以同時進行及提供多個完整系列產品線服務之根基，也是競爭對手很難跟TI競爭之所在。當年作者在TI工作時，TI對縮短週期的目標設定為在第90分位位置週期做50%縮減，而且還能達成，全球員工的執行力實在是太強了。

❖ TI的客戶關係持續服務準則：

　　1.技術服務為本，且必須持續進行。持續做好技術服務，客戶贏，TI才能贏。

　　2.建立起雙方合作的平臺，並盡可能用相同的團隊成員，持續提供客戶服務。

► 說明例：TI謝兵談「如何看待中國市場IC公司之間的價格戰」

　　打價格不是目的，是手段。價格戰，我們有時也會參與，我們曾經出過一些很aggressive的策略，但都是階段性的手段，達到戰略目的之後就停下來或調整。但以這個當作目的就會出事。我們看到有些公司一上來就說我先不賺錢，開宗明義講，這叫大手筆，實際不是那麼回事。再大的手筆都會把錢花光。所以，如果把價格戰當成階段性的手段我會覺得不會是什麼壞事，但還是有個度，如果打到自己認為殺敵一萬自損八千的話，如果我能經得住八千還行，問題是你殺完這個敵人還有別的敵人，它不是一個持久的手段。所以，這個角度來講，模擬IC公司更多還是要在技術、運營模式、支援模式、客戶關係上有競爭力，對用戶應用的精準

　　把握和掌控。

解析：

　　企業成功之道，如富士康郭董所說，在於策略、決心、方法。口袋深打價格戰是短期手段，目的在重傷對手。

　　企業要贏過對手，關鍵在於贏的運營模式，而贏的運營模式靠策略，策略必須靠核心競爭力支撐才可能落實，而「模擬IC公司更多還是要在技術」，這句話道出了TI的核心競爭力所在。在客戶關係上有競爭力，道出了TI強大的客戶服務後勤資源(Framework)及支援，是其能對用戶應用的精准把握和掌控的關鍵。

❖ Foxconn怎麼做有品質的營運模式

► Foxconn的營運模式聚焦於

　1.產業類別：光、機、電、整合之3C產業為主。

　2.產品類別：3C產品，包含電腦產品、通信產品與消費性產品。

　3.核心競爭力定義：

　A.先進的製造技術，特別是機構件的整體解決方案，含機構件設計、開發、製造、物流與售後服務。

　B.視Foxconn之自有品牌連接器，為鴻海的第一供應商。

　4.目標：成為全世界最大的eCMMS服務商，現已達到。

　5.客戶：大製造需求量的Tier 1客戶為主，例如IBM，Cisco，Apple……

　6.營運模式：依客戶需求而異，但主要以eCMMS貫穿OEM，JDM，ODM代工為主。

7.供應鏈模式：主要以雙贏及說明客戶少碰(Light Touch)製造為主。

❖ Foxconn對策略的定義：

► Foxconn對策略的定義為：

策略＝ 方向 + 時機 + 程度之整合

其中

方向：定位(代工)+有大營收市場(挑客戶+挑產品)客戶為目標。定位是向量原點，目標是向量終點，其連線決定策略的方向。

時機：目標市場量開始放大才切入。

程度：決定切入後，一定投放對的且足夠的資源，專心的做，跟客戶一起成長。

注：郭董曾說：一個艦隊只有一位總司令，一艘船只有一個船長。在Foxconn只有郭董一人，是策略定義的決定者，這樣做會使得企業經營更聚焦且更有效率。

► Foxconn的策略導向類別定義：

Foxconn的策略導向類別有3種，分別是：

客戶導向：跟著客戶的經營與產品發展走。

1.跟適合你發展的客戶一塊幹。

2.選擇客戶必須依據自己的核心競爭力、營運標式與規模；不當的客戶選擇，可能會影響你的生存。

3.企業定位及營運模式改變，客戶導向的策略會跟著變。反之亦然。

產品導向：跟著市場上產品及產業的發展趨勢走。

1. 放棄原有的產品或客戶規劃，按市場或產品預測的標準走。

2. 市場導向的策略改變，營運模式跟著改變。

說明例：

任何一部馬車的效能都比不上一部汽車。當汽車發明時，最後倒閉的馬車公司，大概是最好的一家馬車公司。

競爭導向：跟競爭對手在市場上硬碰硬的幹，這是紅海策略，通常成本及交貨週期長短是勝負關鍵。

說明例：

在一次電子競標中，對手的標價比你低，為了取得營業訂單，已知是賠錢在做，你還是繼續跟下去，這就叫競爭導向。

> **問題思考7：**

◈ 如果你被逼迫而不得不拿下一紅字訂單，你會怎麼做，以降低損失，甚至於黑字出貨？

❖ Foxconn的資源策略落地導入3步曲

取得資源導入3步曲，此包含：

▶ 第一步：盡可能取得最有效力的資源

A. 找對的人、放對位置及把任務做對，是達成People & Asset資源最有效力的關鍵。找對可負責一個新事業單位、且被客戶認可有能力與其對接的頭，對代工業尤其重要。Foxconn絕對是用對的頭佈建新事業單位的組織，並且此人絕對要被郭董親自調教認可。如果此頭未來無法符合郭董的期望，解決對

策是在此頭上再找一老闆，直到人找對為止。

組織佈局決定企業經營的成敗。郭董對任一新事業單位的組織佈局檢討，通常會花上半年到一年的時間，目的就是為了達成P&AE之最大化。

B.取得最低成本的資源，包含政治、土地、資金及智財等。當前Foxconn已停止自建廠房、宿舍、請地方政府代為協助招工及做員工住宿外包管理，都是典型的實例。

► **第二步：分配資源做對事，使整體資源在公司內發揮最大效益。**

此包含總部對最低資金成本取得後之運用、人才加入後的安排、技術廠商進駐、策略夥伴協助、政治資源之取得及分配運用等，有絕對的支配權力，但一切還是郭董說了算。

► **第三步：運用資源把事做對，減少失誤。**

運用資源當中，最重要的是運用關鍵人才的時間。在Foxconn 高管的時間都是受公司控制的，絕不允許高管把時間花在非策略工作項上，以及其他不會影響產品出貨的非關鍵資源運用上。關鍵資源包含客戶關係提升、生產設備、檢測設備、或模具開發與製造的產能利用率等。

策略落地導入3步曲之所以要這麼做，主要為了使策略的執行與資源取得能掛勾，以產生最大的P&AE 營收生產力。

問題思考8:

◇ 為何組織規劃會決定企業的經營成敗?你認為Foxconn的組織規劃除了談人對不對，還會談什麼?

❖ 什麼是Foxconn的eCMMS？

Foxconn的eCMMS五個字的意義為：

e：e Commerce; 交易/交貨透過網路執行。

C：Component; 零件開發與製造。

M：Module; 零件or元件or成品組裝出貨。

M：Move; 陸運、海運、空運物流及關務服務，並且直出送至客戶家門口。

S：Service; 市場退貨處理服務，內含維修與保固服務。

由以上模式中可知，此種營運模式包含以下特徵：

► 1.客戶Light Touch(輕鬆完成任務)

客戶Light Touch分兩段，即新產品開發段及產銷平衡段。

在新產品開發段，客戶只要交出藍圖，或與Foxconn共同設計開發新產品，及做產品的制程及產品承認即可。

在開發新產品上，Foxconn強調Time To Market，因此Foxconn在研發與工程實驗室上的資源投資絕不手軟。Foxconn可以用很便宜的辦公桌椅辦公，但開發新產品所需的工程實驗室設備，基本上與用戶端所擁有的工程實驗室設備完全相同。即客戶在執行產品驗證(DVT)，及制程驗證(PVT)，完全可以在Foxconn工廠內完成。2003年SARS氾濫時期，客戶不願前來中國，但此並沒有影響Foxconn新產品的設計開發承認，原因在於此。

在客戶Light Touch的模式中，更大的殺傷力在於對策略客戶做Design Is Free的服務，甚至是Assembly Is Free，當面對競爭導向的環境時。

問題思考9:

◈ Foxconn 在面對競爭導向的環境時,為何拿出Design Is Free的服務? 靠什麼賺錢?

問題思考10:

◈ Foxconn為什麼要主推客戶Light Touch的模式?

▶ **2. 在產銷平衡段,為使客戶基本上不必為Foxconn交貨有問題擔心,必須建構完成以下基礎建設。**

A. 必須做好產品品質:

做好品質是eCMMS策略能否執行得下去的最重要條件!沒有零件品質,就沒有組件品質;沒有元件品質,就沒有辦法交貨。沒有好貨可以交客戶,你所見的將是,全部在海上、在路上、在海外倉庫中、在用戶端生產線上的全是嫌疑不良品,而且不能出貨,以及所有工廠停工。此事如發生,也就註定eCMMS的失敗。事實上,沒有有品質經營,沒有一家企業可以活的下來。

Foxconn郭董對品質要求之高,外界可能無法想像。他可以為用戶端出現的一件產品不良的小抱怨,例如產品外觀有小刮傷,會與我檢討6天,並要求我去解決,不達零缺點絕不甘休。外界談出貨品質允收標準用AQL,Foxconn談品質標準是用「一件都不允許有」!對郭董而言,抽樣計畫不具意義,他要的是零不良品的出貨規劃!郭董對我說,如果你吃飯的飯粒中有一粒沙子,你吞不吞?郭董對我說,我對集團品質最高主管的要求,就是必須把不良產品視同飯中有的沙子找出來,並且預防飯中不可以有沙子。在Foxconn用AQL=?及C=0的抽樣計畫做批允

收，只能說是做參考用的，是做安心用的，真正的產品出貨品質水準，遠較AQL低很多。

　　個人在Foxconn擔任9年的工程標準處副總，帶領Foxconn集團品保大軍，掌管集團所有新舊產品，含機構件、電子元器件、PCBA、及系統組裝之品質規劃、工廠認證、零件&制程承認、研發品質工程、全球客服 & RMA服務、製造防呆治具及檢治具開發、集團TQC及6標準差推動，及品質工程技委會推動相關事務，使得Foxconn所有客戶對其出貨產品品質評比均為世界第一，這是eCMMS 模式得以持續發展之主因。

　　個人的感受是，成長源於壓力與變革，壓力來自郭董近乎不合理之嚴格要求，即不達零缺點勢不甘休：而變革之路靠知識定位與經驗成長之不斷累積與修正。在把Foxconn所有產品品質都做到世界第一的成長過程中，很多時候是摸著石頭過河，這種感受沒有身歷其境，很難體會。就如同郭董曾對我說的，他自己也從未想過Foxconn會是今天這麼大！

　　有時回想在1995年7月時時郭董對我說過的話，「我要走國際化，接國際級的客戶訂單，必須要有國際級的系統運營才行。而這需要你將TI怎麼把品質做到世界級的運作帶進鴻海，我全力支持你去做」。Foxconn 今天會在代工產業做的這麼大，這麼成功，必須佩服其確實有過人的眼光與執行力。

　　實際上我在Foxconn做到的，遠比我在TI學到的應用多太多了。TI提供給我的系統邏輯思考訓練與團隊合作實踐，使得我得以在不同環境中充分發揮才是主因。某些事即使我不曾在TI做過，我也能很快在Foxconn入戲。郭董之嚴屬要求，只不過是精益求精，從0.99變成0.999再變成0.9999而已。

　　2001年Foxconn D客戶把白金獎頒給Foxconn時，當年機構

件之出貨品質為1點多個DPPM。我記得1992年我在TI推TQC及方針展開時，TI商用IC在1991年時的RMA DPPM實績是1。各個產業因為特質不同，DPPM水準或許不一樣，但做到1 DPPM 似乎沒有什麼不一樣，端看你怎麼做了。

1996年當PCE BU在龍華剛成立時，郭董為讓我這鴻海集團的品質總監派駐到龍華幫他管好Bare Bone產品出貨品質，及建立起研發與品質系統，可以當所有一級主管及龍華廠總經理郭台成的面，於2週內，在貨櫃辦公室內，2次向我90度鞠躬，拜託我留在大陸龍華3年，幫其建立起世界級的品質系統與研發系統運作。郭董為達成其eCMMS的營運策略所做的策略程度投入，與障礙排除，真的是行大事者不拘小節。事後想想他曾經的所做所為，是令人佩服！

B. 必須做好供應鏈的產銷平衡

1. 工廠零庫存

郭董深知此模式之另一大問題在於庫存管控。小廠玩不了此模式之原因，在於此模式造成之庫存資金之積壓。既然要客戶Light Touch，那麼Foxconn必定是Heavy Touch，要Heavy Touch，所投入的資金，將是極巨大。為了降低Heavy Touch 所投入的資金，必須把庫存資金之積壓做到最低，所以Foxconn工廠端沒有成品倉庫。所有完成品全進貨櫃，直接拉到鹽田港。

問題思考11：

◇ 1. 你為了降低庫存，是否只管好倉庫編碼及倉庫管理就好？

◇ 2. 你是否知道降低庫存與產品設計及開發有最直接關係？若是，你知道該怎麼去做嗎？

◈ 3.你知道該怎麼做才能把賺到的庫存換成現金嗎?

◈ 4.你是否認同生管系統最重要的任務是達成製造可以做到平準化生產 (Manufacturing Leveling Production) 的排配?若是,你會怎麼去做排配規劃?

2. 高直通率

Foxconn對產品的制程承認(PVT)及新產品導入(NPI)是極度重視的,這也是eCMMS得以成功的關鍵。在新產品導入時,如果直通率做不到100%,產品工程與研發品質工程會深入瞭解失敗原因,及做改善,直到問題真正被解決。

直通率對生產計畫的影響最直接。在定義生產力模式時,直通率是生產力計算的一項關鍵基本資料,也是採購物料Usage Factor、標準成本計算及產能規劃的一項關鍵計算基準。如果製造無法達到預設的直通率目標,那加班作業可能就避免不了。

問題思考12:

◈ 1. 當主管的你,是否知道,什麼是良率的定義?什麼是品質的定義?誰該為良率負責?誰該為品質負責?

◈ 2. 當主管的你,是否知道,怎麼才能把良率做到最上限?

◈ 3. 當主管的你,是否知道,怎麼才能把出貨品質的DPPM做到最低?

Foxconn郭董深知直通率在產品的制程承認(PVT)及新產品導入(NPI)之重要性,因此授與品質單位極大的裁決權。1998年

D客戶產品設計失誤出貨，Foxconn產品出貨受波及，他授權給我，如果我認為產品出貨有品質隱患，即使產品符合客戶設計規格要求，也可以拒絕出貨，直到品質隱患完全排除為止。

權利與責任是一體的兩面。個人在Foxconn主導整個集團品管工作9年期間，每年要站在集團中央品保的角色，為眾多Foxconn內部BU做好「動詞級的」而非「名詞級的」品質規劃。必須建立起符合各BU運營的國際級全球品保體系，依各BU所面對不同客戶之不同營運模式，建對對應的品保組織，年年要不斷為Foxconn內部培養幾百個品質工程人才，送到新的事業群，以及各新的製造事業處品管單位工作，以應對Foxconn集團年年營收較前一年有50%的成長目標需求，其壓力之大，可以想見。而這些全賴個人在TI學到的國際化TQC與方針展開運作體驗，及郭董對公司必須建立起一套賴以生存、且長治久安的新產品設計開發系統、及品管系統的要求與支援。

❖ Foxconn 是如何把產品直通率做高的？

這主要來自2方面。

► A. 客戶要求：

基本上，客戶會要求所有零元件之Form、Function及Fit參數之Cpk必須大於1.5。也就是6 Sigma的良率品質要求。但這些不是在量產段制定的，而是在產品開發段制定的。其目的在於確保Foxconn所開發的制程有可製造持續性，即做一個、做1千個到做100萬個，都有同樣的品質水準。這是Foxconn可以大量生產客戶要的產品，且能把品質做到世界第一的關鍵所在。

問題思考13:

◇ 1. 坊間的一些6 Sigma顧問諮詢業在推6 Sigma精益，改善只從量產制程為主下手，這種做法對嗎？會真的有用嗎？錯在那？

◇ 2. 如果真正能從已被承認過的制程下手，那麼當供應商面對客戶要提出Engineering Change Request (ECR) 容易做嗎？你會面對哪些極度困難的問題？

◇ 3. 你是否想過強力推6-SIGMA MFG的三家公司(MOTO/GE/NOKIA)為什麼毀了？原因在那？

▶ B. Foxconn的自我工程能力強化

Foxconn懂得累積智慧資源，並充份運用其所累積的智慧資源。Foxconn大概是全世界企業中，組織內唯一設有工程標準處單位的公司，且是唯一把品保單位納入工程標準處列管的公司。工程標準處下屬有個智慧資源部，負責製造智慧資源之佈建與管控。當某一設計所需之製造智慧資源佈建完成，爾後即可引用，而不必再做額外的驗證與測試。這對一切講求必須「快，穩，準」的3C產業極其重要，同時也對產品設計與開發的Time To Market幫助極大。

懂得累積智慧資源，並穩健導入及使用已驗證與測試過的智慧資源，可以加速產品上市，及確保產品品質無憂，這種工程概念，是個人於1994年在TI負責軍規產品品質工程時學到的。TI強調，對於不同產品，設計中若是使用已驗證與測試過的「Same Technology」，在做產品設計時或設計變更時，若屬於已驗證與測試過的相同工程技術屬性(Same Technology)者，可以免再做產品或制程的驗證與測試。

說明例：如何展開產品開發品質規劃

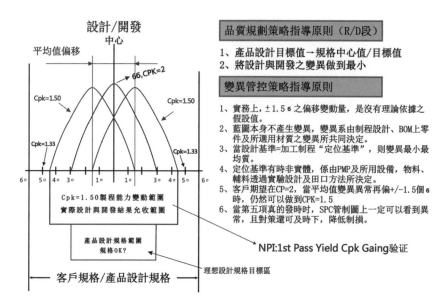

圖 5-1 產品開發品質規劃

問題思考14：

◈ 1. Motorola 的6 Sigma計畫談的是直通率目標?還是品質目標?

❖ 關於創新

▶ 關於破壞式創新 (disruptive innovation) 理論

哈佛商學院 Clayton Christensen 教授Christensen 最為人知的就是創新。在破壞式創新界Christensen可說是無人不知，無人不曉。

Christensen說，自第二次世界大戰以來，美國經歷了9次衰退。前6次美國都能快速復蘇，但後面3次的復甦時間卻越來越長。Christensen 認為是因為美國創新的齒輪鬆了。他說美國的創新有3類，缺一不可。分別是：

(1) 新市場創新（Market-creating innovation）。

(2) 維持性創新（sustaining innovation）。

(3) 效率型創新（efficiency innovation）。

且這些齒輪必須契合。

▶ 新市場創新

新市場（Market-creating）創新的例子是PC。一開始PC市場僅有大型電腦市場（mainframe computer），僅限於最有錢的人才能購買，也就是最內部的圈圈。

隨著IC技術的進步，造成產品的成本降低，新的市場出現了，也就是市場擴大到了外面的圈圈。於是PC出現了，加以PC作業系統的標準化及智財保護，讓數億萬人都能擁有電腦。到後來智慧型手機出現，價格更低了，於是數億人都能擁有電腦裝置。

新市場創新的另一個例子是汽車。一開始汽車貴得不得了，只有有錢人才能擁有。直到亨利福特出現，生產出Model T，從此開拓了大眾汽車的市場。

重點是，由於新市場創新能夠創造更多客戶、更多產品，因此新市場創新能夠創造就業。換句話說，新市場創新是經濟能夠由衰轉盛的關鍵。

此外，新市場創新由於探索的是未知的客戶及產品需求，更是探索客戶體驗的考驗，因此需要耗費資金（capital）。在新

市場創新探索階段，投資資金才有可能找到新市場。

其實，新市場創新做的就是非Me Too的創業。Apple Inc. 之改名把Apple Computer之 Computer拿掉，從i-pod，iphone到ipad開始上市，這一路做的都是新市場創新。

例：馬雲對創新力的看法——應該多把機會留給年輕人

> 「企業CEO不要以為創新力比員工或年輕人強，相反的，永遠要相信年輕人會超越我們！」中國阿里巴巴集團董事局主席兼首席執行官馬雲說，要把機會留給年輕人才有希望，甚至不要只相信那些專業經理人，「他們只會讓老闆開心，卻不會讓客戶高興。」他說，「客戶、員工永遠要擺在股東前面，企業才會進步。」

「相信年輕人會超越我們」，是馬雲領導的方式之一。他的名言是：「你解決年輕人的問題，年輕人就能解決你的問題。」別人看到的許多制度上的漏洞，馬雲卻看到的是從這些漏洞找商機，「成功是說不清楚的，說清楚的人應該不會太成功。」因為成功沒有模式，但屬於堅持到底的人。

個人非常認同：「相信年輕人會超越我們」。個人感受到的是，新市場創新80%來自年輕人。真的是長江後浪推前浪，一代新人換舊人。

反而是維持性創新（sustaining innovation）及效率型創新（efficiency innovation）不是80% 年輕人的天下。

► 維持性創新

維持性（sustaining）創新就是將一個產品進步的創新。例如 Toyota 每年改版一次 Camry，每一次都是維持性創新。這類創新提升了產品的價值，使得人們擁有更好的產品。我們身

邊看得見的大多是維持性的創新。

但維持性創新的特色是新產品取代的是舊產品。換句話說，新的 Camry取代的是舊的Camry，市場總量不變，因此不會製造就業。它可以為企業帶來利潤，卻不會提升整體經濟。同時，維持性創新所需的資金相對較少。

維持性創新多在寡占型市場產生，且為資本密集的產業。這類創新偏重物美，但價不廉。如果你想入汽車產業的供應鏈，切入的重點通常不是比價，而是你怎麼做的比現有供應商供貨的每一項產品或服務更好！而這需要極大的創新力。

▶ 效率型創新

效率型（efficiency）創新顧名思義，就是提升效率的創新。最明顯的例子是Walmart。Walmart由不斷的調整供應鏈、倉儲等，不停的提升效率，降低價格。

效率型創新的特色是會消滅工作。由於效率提升了，多餘的人力便被釋出了。同樣的，資金也會因為效率的提升而釋出到市場上。因此效率型創新跟新市場式創新正好相反：前者消滅就業但釋出資本，後者製造就業但消耗資本。

❖ 其他營運模式研討

▶ 三星的企業經營

1. 三星的經營模式，是把「產品」與「製造」分離。產品部份專注於發掘心動之處，即客戶體驗。把「產品製造」看作是思考心動之處的實踐過程，與製作、製造的結合體。

2. 三星的競爭策略

A. 對於自己有能力做的，且競爭對手也能做的，一定會有一部份發外包，以執行以下目的：

A1. 刺探外包商的工程能力

A2.利用外包商的R&D資源，解決自己難以解決的工程良率問題。

A3.製造平準化做大P&AE

B. 制程設計核心技術，一定自己開發以做出差異。即使不同的廠商買了相同的生產設備，產出之良率結果也會差很大。

C. 找各國有經驗的外部專才加入，縮短新技術R&D的開發週期。

► 小米的企業經營

觀察到的小米，其營運是一家主打產品品牌、設計與依靠互聯網路行銷產品的公司。必須說小米對依靠互聯網路行銷產品確有一套。如果你有看ZAKER上的新聞，當然一目了然。小米的做法，是充分運用互聯網的優勢，不斷打造新聞，透過不停的轟炸以強化其在讀者心中的印象，最終期能建立起一群對小米高性價比產品有興趣的，其所謂互聯網生態鏈的族群平臺。

另一個很明顯的例子是雷總與董總今打賭，很多人認為在這場對賭中董總是輸家，因為她好像總被雷總調侃，但就個人的觀察，事實是也是大贏家，因為G牌的知名度更是因此水漲船高，相信市占還會提升，苦的當是其競爭對手，不得不佩服董總的行銷手法。

A. 小米對客戶體驗的定義：

小米雷軍對客戶體驗的定義：口碑的核心不簡單，才是產

品有好口碑。或者是又好又便宜的產品才有口碑,有口碑的產品其實是超出消費者的預期!產品設計要跟著客戶體驗走。

B. 小米對品質的實踐:

小米雷軍對品質的實踐:我在做小米手機的時候全部用的是最貴的原材料,最貴的供應商,最貴的組裝廠。哪怕像現在賣699元的紅米也都是富士康生產的。可能大家不知道富士康生產意味著什麼,至少對我來說加工成本貴了一倍。為什麼?其實規律是:貴的東西絕大部分的可能性是它的品質要好很多。這句話我可以展開說得更透,只有用最好的供應商,最好的原材料,最好的加工廠,才有機會做出最好的手機。

雷軍對品質的實踐,基本成就了其對客戶體驗的定義。筆者接觸不少外國廠商及本國,大家的共識是:東西如果交給富士康去製造,就是品質保證。

C. 雷軍對策略的定義:

少做事、把事做到極致,才是最好的策略

我在做小米的時候,我們認為首先是戰略,戰略不是做什麼,是你不做什麼。所以,我們很明確的標的了我們不做哪些事情,我覺得這點還是很重要的。專注是一件很不容易的事情,要克制它。我覺得我們現在集中精力,把我們現有的幾款產品做好已經相當不容易。

個人不清楚他的這種思路是何時產生的,但看小米的產品推陳數量並不少,或許是戰略與時機密不可分,亦或許其已經有足夠的資源可以推動其他產品線前進。但有一點是肯定的:追求高性價比,不管產品是怎麼做出來的。

D. 小米產品的市場策略切入點:

攻小米品牌，低價高配。用便宜的網路行銷，取代實體管道。

E. 策略切入時機：

切入中國市場手機的空白價格帶，大公司看不上，小公司沒能力投入。

2010年N公司業務大衰退，適逢F公司在北方有大產能，小米找到強大的OEM廠協助製造。

F. 戰術：

F1.堅持用全球一線的供應商最好的東西，堅持高性能和高性價比。我們堅持是高體驗和高性價比，我們強調是高體驗。

F2.強化網路行銷。

G. 核心競爭力：

小米公司在涉及到公司的核心競爭力方面，看不出與策略上的直接關係，反而是空白價格帶，因對手的切入而逐漸消失。企業的核心競爭力與產品研發及服務密不可分，一家僅靠低價高配策略切入市場的公司，其低毛利絕不可能提供足夠的資源做產品研發及服務。個人認為這將是雷軍當前面對企業成長的最大挑戰，稍有閃失即成明日黃花。

H. 小米最大的創新點：

經由手機銷售快速形成了一個7千萬用戶群的MIUI用戶平臺，這才是其最大價值。未來小米怎麼利用這個平加去創造價值，將決定其成敗。

問題思考15:

◇ 小米會面對那些經營危機？

▶ **營運模式名詞解釋：**

OEM： Original Equipment Manufacturing 供應商依客戶給的藍圖，BOM，設備，治工具，程式執行生產作業及交貨。

JDM： Joint Development Manufacturing 供應商把客戶給的藍圖，轉換成制程定義，與客戶進行聯合制程開發與執行生產作業。

JDSM： Joint Design Manufacturing 供應商參與客戶產品設計及產出藍圖，並執行JDM運作。

ODM： Original Design Manufacturing 客戶提供ID設計及或決定晶片平臺與S/W定義，供應商執行設計、開發與製造及產出產品。

OBM： Original Brand Manufacturing 自有品牌銷售、自定產品定義、參與或獨立完成產品設計、開發、製造。

總結：

1. 製造型企業如果做到規模10億美元後，應該考慮自己在微笑曲線的哪一部分。如果企業的價值，是體現在微笑曲線的凹點—製造規模大，或許企業該從全價值鏈的角度來思考如何把自身價值最大化。如果企業只是為了高增長，而在相同的營運模式下，投入大量的資源，就會給企業生存帶來很大的風險。這種想法的風險來源主要在於，想用製造規模做Cost Down而不是價值提升！

2. 你的企業無論是哪一種營運模式，最重要的是要想清楚，你要在整個SCM中賺哪一段的錢？你是否有能力在該段體現出你對客戶的價值？你公司的核心競爭力是否能夠創造出該段的價值？如果沒有，你可能得好好思考該怎麼做調整與修正了。

3. 策略與營運模式在告訴你，你的錢是怎麼明白的賺到的，不是靠運氣得來。如果你的策略與營運模式不明，領導者做的就是折損P&AE的「忙=盲」。

4. 沒有企業定位，就算有洞察力、營運模式與策略，經營可能也不一定是對的。即使知道時機及環境已來臨，經營也不一定會成功!有企業定位，有洞察力才能產生成功率較高的營運模式與策略。

5. 企業轉型要成功，如第4項內容已備，更重要的是要有資源的支援，可以執行得下去!

筆記

交流訊息：

kcliu@letussmart.com

kcliu@Doubleright.com

第 六 章

轉型升級該怎麼幹？

❖ 製造業由代工轉向品牌，何去何從？

　　現實面中，製造業由代工而品牌，由製造而設計的轉型道路一波三折，是臺灣製造業近年來全力求解的一個命題。方向雖明，但轉型實現起來並非坦途，動輒生死，幾乎成為製造業的一道魔咒，然又不得不為。這也是中國製造企業，在面對當前產能過剩的相同挑戰，因此把它提出來討論。<u>臺灣製造企業當前的困境，大陸製造企業也跑不掉得面對。</u>

► 痛苦轉型經歷例子：

● 明基（BENQ）仍在混沌中摸索，帶有沉重悲壯的意味。

● HTC雖也有壯士斷腕的一刻，前2年像是羚羊般輕巧地跳躍，但市場成長趨緩後，產品銷售又陷困境。

● 我在鴻海工作了16年，鴻海幾乎年年轉型，但也不是每次轉型都一帆風順。2000年光通訊的轉型並未成功，就是一個例子。

● Acer轉型了三次，自將藍奇開除後，有段時日狀況很慘，目前狀況稍有起色。

● 就連幸福企業奇美電子，也痛苦不堪，連被稱做經營之神的許文龍也放手奇美電子，將其賣給群創光電。

案例分析： BenQ轉型升級

參考網路資料：

http://blog.renren.com/share/229969979/6592562376

背景故事

● 李焜耀認為代工之路會越走越窄，打造品牌才是基業長青的不二法門。

● 2002年1月，李焜耀兵行險招，創立BenQ品牌，而自建品牌不足三年，就因收購西門子失敗馬失前蹄，衝擊可想而知，幾乎被打回原點。特別是在歐洲，影響力直線下跌。

● 這讓李焜耀意識到品牌是買不來的，若不想放棄，只能重新修煉。

● 最困難的時候，費用緊縮，李焜耀曾告訴下屬，「賣股票也要養R/D(研發人員)」。

問題思考16:

◈ 1. 研發=品牌？

◈ 2. BenQ=誠信？

◈ 3. 品牌不能買？

● 李焜耀:「當年我們希望通過收購西門子，自己的品牌能夠跳躍上去，失敗以後經過幾年梳理，如今的商業模式大概成型」。

● 李焜耀自述西門子一役「刻骨銘心，一言難盡」，「我們受過傷，不要衝刺，把速度放慢一點，先用跑馬拉松的速度，到了一定程度再衝百米。」

問題思考17:

◈ 李焜耀這些話說出了什麼重點？

1.收購某家品牌公司，就可以把品牌經營搞定，對或不對?.

2.很明顯的，當時BenQ認為收購某家品牌公司，就能轉型

成功，當時的BenQ似乎沒有想清楚商業模式就下去做了，所以重理了幾年。

3.品牌商業模式急不得，一定得想清楚。

● BenQ總經理兼執行長李文德將技術上的積累描述為「領先」與「差異化」戰略。領先即爭取每年都有重點產品全球首發，2008年其在全球推出首批16：9比例大尺寸液晶顯示器，2009年進入LED領域，生產出全球首款使用LED背光源的18.5寸顯示器。「差異化」亦有展獲，例如已能將調焦技術應用在電視上。

問題思考18:

◈ 有技術是否就能領先，就能差異化？

● BenQ雖然以硬體為主，但未來也不可能脫離雲端。「可難題也在這裡，你要跨業，這一步跨到哪裡?到底應該尋找怎樣的經營範圍?憑什麼能踩到人家的土地上?這是大家都在焦慮的問題。」

KY搖著頭連聲說：「很焦慮，很焦慮。」

問題思考19:

◈ 1. Ben Q到底是個什麼樣的公司？

◈ 2. Ben Q品牌價值定位在哪？

現實面

● 李焜耀做得很辛苦，一位接近李焜耀的人士透露：「他做代工，有富士康等一大批對手；做品牌，前面有Acer、華碩擋

路，後面有來自大陸的潛在競爭者虎視眈眈，上面還有日韓的消費電子類巨頭泰山壓頂。」

問題思考20：

◈ Ben Q的問題基本上是所有企業都面對的問題，問題出在哪？

Ben Q 面對的三大挑戰：

● 首先是能否培育出足夠拉動整個品牌的明星產品？BenQ幾乎覆蓋了所有時尚數碼產品，包括投影儀、掃描器、電視機、顯示器、數碼相機、筆記型電腦、電子書等等，甚至還有平板電腦介面略顯粗糙，尚在內測階段。寬廣的產品線可以相互掩護攻擊，但致命弱點是，沒有一個旗艦產品可以代表自己。

問題思考21：

◈ 1. BenQ幾乎覆蓋了所有時尚數碼產品，那要多少R&D資源及Sales & Marketing資源？ BU的P&AE生產力會高嗎？

◈ 2. BenQ的企業定位為何？ BenQ幾乎覆蓋了所有時尚數碼產品，這與其企業經營定位一致嗎？

● 關於產品線應該多寬，公司內部也有爭論。KY希望什麼都做，一個品牌放入許多產品，我的意見是應該專心做兩三個，不要玩那麼多，明基電通數碼媒體事業部總經理陳其宏直截了當地說。他認為在研發方面明基不怕任何對手，「真正的挑戰就是能否從現有產品中挑出一個做主打。」

問題思考22:

◈ KY為什麼什麼都做？BenQ幾乎覆蓋了所有時尚數碼產品，到底這麼做是為了做營收存活，還是這是BenQ的品牌營運模式？

● 第二大考驗來自如何「親近」市場。在2009年工業設計界「奧斯卡獎」之稱的IF設計賽中，BenQ數位時尚設計中心獲得了8項大獎，不僅年度得獎數為中國第一，近年所累積總獎項數目也高居華人品牌之首。然而如此強悍設計能力尚未對其在市場上攻城拔寨做出突出貢獻。一位集團高管透露，他認為BenQ在市場行銷能力、組織能力等方面尚需補課。同樣是我們的一款筆記本，貼上Acer(宏)的牌子，進了它的管道一定會大賣，為什麼？大家的終端競爭力不同。

問題思考23:

◈ BenQ產品叫好不叫座原因何在？

● 李焜耀亦為此頗感頭痛，他承認BenQ對消費者的理解不夠，嘗試以區隔戰略來彌補這一短板。「我們不會讓所有產品在每個地方都以同樣力度投入」。他解釋，例如在美國，BenQ只賣最有優勢的投影儀和顯示器，不會賣筆記型電腦或者數碼相機，而中國大陸，則是新產品與新科技優先導入的區域。

問題思考24:

◈ 這樣做對嗎？如果這麼做，對P&AE的衝擊為何？

● 過去兩年中，BenQ最大的變化是更充分考慮自己在每個市場的能耐，以及每個市場的特性。過去是銷售終端決定賣什麼產品，賣得越多，給總部感覺成長機會就越快，這樣往往降低了對市場的專注度。從2008年開始，BenQ轉變打法，組織專門團隊評估市場，總部決定終端賣什麼，研究每個市場區隔中的競爭者是誰，針對它們有什麼具體應對方式。「等於做了一些簡化，簡化之後才能專注，步步為營。」

　　問題思考25:

◇ BenQ在銷售上改變了什麼？

● 第三重挑戰來自BenQ能否作為代表明基的唯一品牌。除了數碼產品外，近年來明基也在大舉投資醫療領域，2008年在南京試水成立三甲綜合性明基醫院。2009年明基取得了日本太陽能上游多晶矽專業大廠M.Setek過半股權。2010年明基又在蘇州工業園投資5億美元打造中國大陸最大的LED產業基地。2010年與Sun Power在馬來西亞共同投資建廠。它還投資影視業，投資「痞子英雄」及「五月天」3D立體演唱會，以中國市場作為切入3D電影第一步，李焜耀顯然不夠專心。

　　問題思考26:

◇ 1. 包山包海，包出什麼？包山包海的過程中BenQ缺了什麼？

◇ 2. BenQ的企業定位為何？BenQ之前已幾乎覆蓋了所有時尚數碼產品，現在又做更多不同領域含服務業的投資，這與

<u>其企業經營定位一致嗎？</u>

● 這三個難題並不新鮮，折射出BenQ在構建品牌方面並不像在代工領域那樣得心應手。代工需要的能力是「與物對話」，而品牌需要的是「與人對話」。最有優勢的顯示器沒有帶動BenQ脫穎而出。在成長最快的筆記型電腦市場還沒等切下足夠份額的蛋糕，就要面對平板電腦技術的挑戰。早就啟動研發高端智慧手機項目，可仍未有主打產品推出。在電子書領域雖然與中國移動合作，可推進速度較慢。

問題思考27:

◇ 走不出變革之原因為何？

● 有人評價，李焜耀面臨每一次重大轉捩點，往往都採用「激烈」的方式跨越瓶頸。如今從自己「急」到勸別人「不要急」，大約是他四年來心境上的最大改變。對李焜耀來說，BenQ品牌之路能走多遠，已遠超越明基和個人的榮辱，而是臺灣製造業如何走出代工宿命這個宏大敘事中的一部分。

BenQ轉型升級的回首路，是台企的通用模式？

個人總結：

1. 明基在品牌提升的道路上，不幸遭遇西門子一役完敗，元氣大傷，公司誠信嚴重受傷，這對一家標榜自己是一家品牌企業的公司，絕對是重傷害。

2. 明基的企業文化，也就是經營者的經營文化，更多地還是停留在工程師文化、製造業文化上。品牌的文化是創造出使用者要的有體驗的產品，然而製造業文化，是依規格

及藍圖做事，前者以客戶體驗為主，很難捉摸，情境管理是發散的，要有狼性特質，是隨時要依市場需求做調整，更要長期耕耘公司誠信；後者以均質及執行紀律為主，是高度收斂為主的情境。企業品牌文化的創造，如果以製造業文化思想的人去執行，看不出可以勝出的道理，因為做品牌與做製造是完全相反的兩件事。

3. TI對CEO的養成，重點在於建立產品市場的能力，製造只是必須瞭解與參與。

4. 企業要建立品牌文化，如果認為可以從製造業文化思想的人去培養，去執行品牌文化的創造，失敗者應比比皆是，這才是製造型企業轉型升級最難的點。常見到的是製造業文化的老總，總是用製造業文化的思想去定品牌文化的創造，結果是真正懂如何執行品牌文化的創造人才根本幹不下去。製造業的思想：「走出實驗室，沒有高科技，只有執行的紀律」，用於建立B2C或B2B的品牌文化，那生意不必做了。

❖ 破囚而出談撥霾轉型與升級

坐困愁城的企業如囚。囚者，(法)人面對四壁也。上壁為天，即營收上限之頂；下壁為地，即費用下限之地；左壁之限為產業；右壁之限為產品。這是任何一家企業法人在經營企業時，永遠必須要面對的經營挑戰。

企業營收來自不同產品的賣價乘以其銷售量，除非企業之產品有創新的客戶體驗，否則售價只會越來越低。也就是說上壁之天通常只會越來越低，永遠下壓法人，如果企業不做對策找出脫困之道。

費用為下限之地，如果企業的生產力無法超越人工成本及

原材料的上漲，並做好成本降低的努力，則費用會不斷上升。也就是說下壁之地通常只會越來越高，永遠墊高法人。

此也說明企業法人永遠必須承受上壁為天及下壁為地之上下夾擊。經營好的企業法人，如果因為營收持續增加，相對可以維持較高毛利，所以可以頂住天；因為費用改善良好使費用降低，所以可以立於地。頂天立地的企業，可以擴大天地之間的空間。相反的，經營不好的企業法人，呈現出的則是毛利越來越低的現象，也就是必須不斷的面對天地之間的空間變窄，企業法人如果無法克服這種現象，只剩下二條路走。一條是坐困囚城坐以待斃，一條是向左右突圍破囚而出，重新定義要進入的產業與產品，加速進行轉型。

什麼是企業轉型？最簡單的定義為企業內再創業。為從一熟悉的經營領域，進入一較不熟悉的經營領域。如果要說企業轉型與重新創業間之最大困難差異在哪，主要在於可用之非關鍵資源。要轉型的企業，通常較新創企業有更多的非關鍵資源可用。

什麼是企業升級？最簡單的定義為使上壁為天及下壁為地之間的企業生存空間變大，但仍從事相同的工作，例如做精益生產、良率改善或Cost Down，不是企業內再創業。

企業無論是做轉型或升級，最重要的成功要件是囚字裡的人。找對熟悉該產業與產品的關鍵資源人才，把這些人放在對位置，把事做對，才能降低企業轉型或升級失敗的風險。

企業主做撥霾轉型或升級，切記最重要的策略風險指導原則：

No Experiences， No Judgment！

即判斷轉型升級會不會成功，必須依賴有體驗的人協助做判斷！否則就是浪費時間。

❖ 轉型與升級的真正意義

　　轉型與升級的真正目的是為了企業的永續發展。世界上的企業經營，只有兩種企業的發展型態：持續穩健成長，或走向滅亡，見圖6-1。

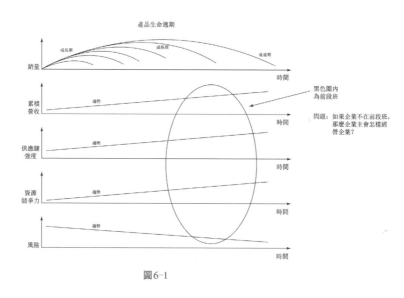

圖6-1

　　累積營收大➡平臺大➡供應鏈強度大➡內外部資源競爭力大➡經營風險小。這也是Foxconn CEO 心中的企業發展教戰守則。在CEO心中，他定義Foxconn公司為：

長期　穩定　發展　科技　國際

　　其中「**長期穩定發展**」的意義為營收必須持續成長。

　　因此，企業為了持續穩健成長及永續發展，轉型與升級絕對是企業求生存過程中的必須過程。升級是轉型的伴隨結果，或是提升P&AE生產力的結果。

轉型與升級的結果，不一定是以技術來衡量，但一定必須以財報結果來看，特別必須以企業所擁有的長期自由現金的成長是否最大化來衡量。

轉型與升級的目的只是在執行郭董說過的：

High Technique、Low Technique、Make Money is Technique。

企業經營，沒有什麼高科技、低科技技術之分，只有怎麼賺得到錢才是技術。(取自郭董名言)

❖ 轉型升級類型的基因構成因素及可能的轉型結果

轉型與升級之類型區分，可分為

1. 企業經營基因未變型，此類型為僅止於內部體質強化，企業的經營本質不變。

2. 企業經營基因改造型，此類型為脫胎換骨型，企業的經營本質已發生重大變化。

而其中影響企業經營基因之因素為企業定位、核心競爭力、營運模式&策略，及執行力，見圖6-2。

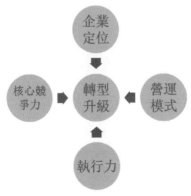

圖 6-2 影響轉型的關鍵因素

如果一家企業的經營，只是在執行力上的內部系統流程、表單、組織上花功夫，個人只將其定義為基因未變型，即該類改變不會影響經營的本質，充其量只是做Cost Down，以提升其P&AE。

由圖6-3中可看出，如果把企業看成是一具有生命的自癒型經營與管理循環體系，企業在轉型升級過程中，企業定位、營運模式與策略的改變，是企業轉型中最困難的。這種分析也極其合理，因為這種轉變需要具備高度的環境、潮流洞察力與自身所擁有的核心競爭力。

穩經營準市場快執行的經營管理生態循環

轉型升級的類型	轉型升級基因組成及結果					轉型難度
	企業定位	核心競爭力	營運模式	執行力(內部流程/系統/組織)	可能呈現結果	
A類 基因未變型 (內部體質強化型)	不變	不變	不變	視情況	內部體質強化	無
B類 基因改造型 (脫胎換骨型) 一類	不變	不變	升級	必需跟著變	1.供應鏈生態大洗牌 2.新的市場區隔產生 3.有人退出 4.轉型失敗重傷 5.有人業績大躍進	
二類	變	不變	升級	必需跟著變		
三類	變	升級	升級	必需跟著變		

圖 6-3 轉型升級類型的基因構成

❖ 企業轉型為何通常以失敗坐收

前一節談到，對企業轉型升級能造成重大影響的主要有四個基因因素，讓我們看一下當營運模式&策略改變時，會發生什麼狀況，見圖6-4。

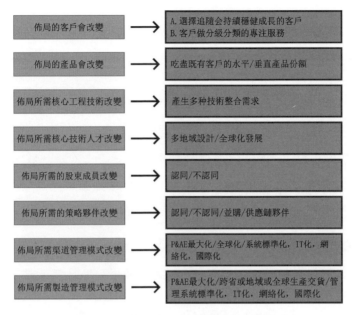

圖6-4 企業轉型升級能造成重大影響

由此可知企業轉型是多麼的不容易,如果圖6-4中右邊會產生變化之解決對策沒有,企業轉型大概不會成功。

其他常見的企業轉型升級營運模式,見圖6-5。

圖6-5 其他常見的企業轉型升級

轉型掉入泥淖中之例子如下：

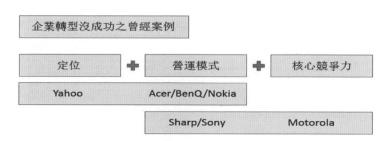

這些企業多數為曾經極度成功，並擁有豐富的資源，然而還會屢次轉型失敗，由此可知企業轉型是多麼的不容易！

❖ 企業轉型成功與失敗總結

經營企業要成功，必須做對定位，圖6-7說明瞭企業不論在產業鏈或供應鏈的任何位子，都必須做好定位。經營很成功的企業，知道哪一塊市場是他該攻的，並且也知道要做資源的有效取得、分配與運用，能把企業的P&AE做到最大，所以企業會成功。Foxconn與TI在這方面的確做的很好，經營上非常定位與聚焦。

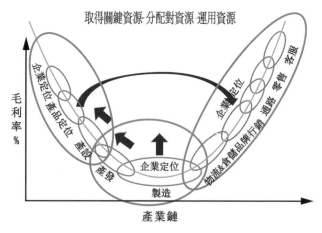

圖 6-7 轉型成功的模式

　　企業轉型失敗之主因，為沒有做好企業定位，造成的是費用大增及P&AE大降，見圖6-8。當一家要做企業轉型的公司，如果沒做定位，就如同把一根柱子釘在鬆軟的地基上，會出現下列結果：

　　定位出發點找不到，致營運模式與核心競爭力需求不清楚，進而造成資源佈局錯誤，而使得P&AE無效率。

　　如前所言，企業轉型就是創業，相信沒有一家公司的股東會願意見到一家新創公司，沒目標的亂花資源，且產不出P&AE！

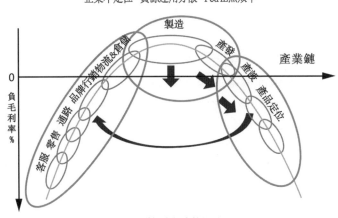

圖 6-8 轉型失敗的模式

❖ 怎麼降低企業轉型失敗的風險把企業轉型做成功

　　以下三項內容，是把企業轉型失敗的風險降到最低的關鍵。

A.企業經營聚焦——凸顯自我(定位)，見第四章。

B.如何產生創新的營運模式——選擇戰略目標，見第五章。

C.戰略目標如何實施與一次就做對。

戰略目標如何實施與一次就做對，其關鍵點在於怎麼做大P&AE。

以A項為原點，以B項為目標，則構成企業策略的方向與到達目標所需能量的大小。C項則為從條條大路通羅馬中，找到一條最有可能勝出之適道路。C項取決於怎麼佈局與步局。

❖ 轉型升級中，最關鍵的是怎麼做大P&AE的思維：

轉型升級中，如果經營者沒有規劃怎麼做大P&AE，結果多是失敗。因為產生的都是費用，而不是正現金流。做大P&AE，必須做對以下思考：

1.怎麼做對客戶導向。

A.客戶必須在市場上是個角色。

B.客戶有能力做好與管好自己的產品，客戶在市場上必須有誠信(Credit)。

2.怎麼做對4定位與成敗7對。

3.懂得替自己產品加值。

4.怎麼從競爭對手端或用戶端挖對的人。

5.怎麼運作系統與客戶/市場系統相容。

6.怎麼拆解產品，找出技術趨勢所在，定對產品發展藍圖、技術發展藍圖、找對所需技術人才、策略夥伴，把發展佈局做對。

7.怎麼買核心競爭力所缺且成熟的技術。

8.怎麼從客戶/產品/規格/標準/技術發展/服務等，清楚定位與客戶價值鏈關係的連結。

9.怎麼找對營運模式及定義與做對新產品定義。要做到

「視高⇨體廣⇨軟深」。

10.怎麼建立人脈及隨時可以取得特定領域產業知識的管道。

11.怎麼學山塞創業家的狼性經營精神,以研究及創造取代抄襲。

12.怎麼做有風險管控的經營,不能讓策略/主要客戶的產品置於風險之中。

❖ 轉型升級之路,失敗風險檢查

轉型升級之路充滿艱困,以下圖6－9,企業轉型的4定位與成敗7對,可供想把企業轉型做好的企業參考。

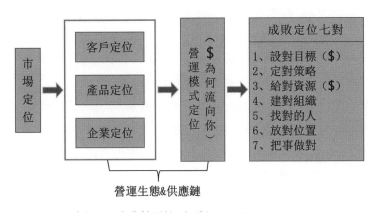

圖6-9 企業轉型的4定與7對

❖ 中國當前製造業面對的問題與對策:

● 問題1:同質性的產能過剩,不重價值拼低價錢!

存在的風險是呆滯庫存高,獲利或許全在庫存裡。

對策建議：

A.做好定位、策略、營運模式與BU組織規劃或類阿米巴組織規劃經營。目的在於建立起自給自足自癒的狼性組織運作系統。將經營目標、庫存結果和個人責任和利益連接到一起，就能解決很多庫存系統的失誤防呆問題。

B.檢討供應鏈之運作，將供應鏈之運作與營運模式綁定，做供應鏈運作之合理化規劃與落地，以提升供應鏈之P&AE生產力與用IT及週期管好供應鏈。

C.找對供應商、做好零組件之制程與DFM承認及管好供應商之來料品質，盡可能做到Just In Time的生產。供應商要做到Just In Time的生產，其先決條件為必須要有高直通率的制程設計，此有賴產品開發必須做好有品質的零件之制程與DFM承認，否則一切都是空談。

D.執行高品質的IT供應鏈訊息透明、即時、連動運作。

執行高品質的IT供應鏈運作實施步驟：

手工作業流程化→合理化流程邏輯→標準化作業流程→檢討進入IT(ERP)化→落地化ERP。

必須先確保手動處理邏輯正確，運作無誤，才是再走向IT化能否做成的要件。否則就是沒有依自己有競爭力的供應鏈走，而是依IT公司不適合你的系統走。

問題思考29：

◇ 為什麼做OEM代工的軟體系統公司很難存活？

解答：

◇ 實際的情況是，IT公司要存活，就要避開客制化作業，因此

企業對於IT公司的選定必須極為慎重。千萬不要認為現在作業不順，上不了手，上了IT系統就可以把問題解決。

在完善大供應鏈系統建構中，必須完善各不同系統與供應鏈系相連結，以避免人為失誤造成的巨大損失，與此有關的主題包含：

▶ D1.必須建立完善的R&D系統與供應鏈相關連結。

如果這部份做不好，供應鏈運營一定沒效率，其內容為：

1. 零件編碼系統建立。

2. E-BOM轉成採購BOM(BILL OF MATERIAL)及製造BOM。

3. 建立供應商導入通用評鑑系統，特別是針對供應商必須做工程能力評鑑。讓有能力供應商可以幫你解決問題。

4. 研發段，建立供應商零件&元件導入內部承認系統。

5. 供應商零件、元件、制程與BOM承認系統。

6. 內部建立產品與制程之一對一定義之PMP(PROCESS MANAGEMENT PLAN)系統。

7. NPI(NEW PRODUCT INTRODUCTION)與流程卡(TRAVELLER & RECIPE)導入系統。

8. ECN(ENGINEERING CHANGE NOTICE) & DCN(DESIGN CHANGE NOTICE)管理系統。

9. 產品設計與開發之標準模組化智慧規劃，以便未來能把KNOW－HOW往智能製造發展。

10. 制程設計可靠度驗證系統。

問題思考30:

◈ Alibaba是個很大的全球採購交易平臺,也把馬雲幾乎變成華人首富,馬雲說:他最恨平臺上交易的假貨及仿冒。馬雲說他花了不少錢去解決這些問題,你想想他為何無法解決此問題,而造成高比例的交易退貨,問題出在哪?這是管理問題還是做生意利益衝突問題?

▶ D2.必須建立製造與品管系統與供應鏈系統相關連結。

內容為:

1. Shop Floor &RECIPE Control運作建立。

2. 建立供應商品質績效管理系統。

3. 建立IQC管理系統,管制參數選擇/抽樣計畫/進料品質系統標準建立。

4. 建立特裁管理系統。

5. 建立製造零件/耗材使用率管理系統。

6. 建立內部產品與制程一對一定義之生產力管理系統。

7. 建立持續改善系統,含直通率/週期/DPPM管理改善。

▶ D3. 必須建立供應鏈本身相關連結的系統。

內容為:

1. 交貨管理系統建立,含

A.訂單投入(新產品)➔工程/QE處理➔SWR(SPECIAL WORK REQUEST) & NPI。

B.訂單投入(舊產品)➔產能分析➔成品庫存管理➔零件庫存管理➔MRP➔可交貨回覆➔採購 & A/P系統➔生管/工令系

統→物控系統→製造系統→結工令入成品庫→關務物流系統
→A/R系統客服& RMA系統。

必須牢記：

1. 庫存管不好，絕對是事出有因，多是與R&D、工程及採購品質有關，必須找出根本病因，而不是表面原因。如果料號及庫存管不好，期望上IT系統會把ERP運作好，是不可能的。

2. 系統間的運作通常是環環相扣的，要依營運模式需求，想清楚連結關係。

3. 一個系統如能建立起將結果和個人責任和利益聯想到一起，能解決很多系統的防呆問題，特別是把人性必須放進系統中。

Remark：

1. 要提升供應鏈系統之效率，及把不同的系統做整合，你需要的輔助是找到真正做過新產品設計開發系統、製造系統與品保系統之跨系統整合型顧問協助，而不是專才顧問。否則未來你看到的會是一堆亂象，且手動作業與IT作業並存於公司運營中，根本就在消耗公司的生產力。

2. 沒有R&D系統，就生不出供應鏈系統！狹義的供應鏈系統之效率，主要是生物管及進貨淨銷存，各家公司的差異不大，但廣義的供應鏈系統之效率，各家公司的差異極大。如果你是製造業，想把廣義的供應鏈系統之效率做出來，就必須把R&D或工程系統先完善。此時你需要的是跨系統整合型顧問的協助。

● 問題2：人才短缺問題！

主因：關鍵人才短缺，或因企業快速成長造成。但企業的

經營運作沒法聚焦、沒有清楚的目標及對工作所需之系統投資不正確，才是造成人才能力養成困難、企業升級困難、及企業P&AE生產力下降之主因。

如果企業內長期作業混亂，無法定→靜→安→慮→得，根本沒法培養人才！

► 人才養成的認知與對策：

1.企業永遠要面對人才難尋的問題。對的人才，通常是認同企業及自己培養的。阿里巴巴公司裡的富豪，基本上全都是當年長期跟馬雲一起打拼過來在辛苦階段非一軍的人才。因為一軍的人才有太多的機會，通常很難認同工作於一需長期耕耘且前途未知的企業，早就跳槽了。

2.如果人才要外找，找最適合你公司條件用的，而不是找最貴且過去最能幹的。這些過去最能幹的人才，其成功的背景配套資源，在你這不一定有，因此失敗率也極大，除非你挖一整個組織團隊的人進來，並且給予其足夠的資源。

3.要懂得活用這句話「No Experiences, No Judgment!」並把這句話存在腦子裡。必須用懂專業的人才，協助做系統導入判斷。好的系統運作，可以加速人才養成；但不好的系統運作，會毀了人才。讓好的人才去做比他能力低階的事，或不該他做的事，是公司的損失，也是人才的損失。

有些中國大公司，像華為&海爾，每每願意花上億元請像IBM與德國西門子這類公司當顧問，協助做系統導入，就是要向這些公司取「怎麼做不失敗」的經，他們的理由只有一項，找對的人及把事做對，這就是的真經。他們用於判斷這家顧問公司行不行的依據是：「No Experience, No Judgment!」這些公司要的是抄這些已成功的公司的系統，以避免摸索及犯下貳過。

要做好各個系統間怎麼整合，絕對不容易，只有找對的公司協助才可助你避開系統盲目導入失敗，及加速助人才養成。

問題思考31：

◈ 企業該怎麼找諮詢公司協助企業成長與培養人才？

茲以富智康企業管理諮詢(深圳)有限公司之定位、目標與做法說明：富智康企業管理諮詢，以「聚集才人，傳承專業，合一學用」為本(服務定位)，以「穩經營、準市場、快執行」為諮詢經營方針(幫企業找適道成長之路)，藉由提供眾多業界才人之實務動手經驗(大的成功機率)，助客戶提升其經營的生產力(價值)，解決企業經營所面臨的彼得原理困境(目標)！

這其中之推動關鍵在於富智康企業管理諮詢團隊成員多具有富士康、TI及各大企業的研發、品質、製造及供應鏈等系統建構規劃及實務實踐經驗&智慧，更重要的是知道如何協助企業從條條大路通羅馬中找到最適道之路向成功邁進。

問題思考32：

◈ TOYOTA的TPS(TOYOTA PRODUCTION SYSTEM)系統很出名，但很少業者得以真正導得入且成功，你知道為什麼嗎？你也想導入，但為何導不入？

問題思考33：

◎ 馬雲經典語錄：創業要找最合適的人，不一定要找最成功的人，你知道為什麼嗎？

◎ 馬雲經典語錄：一個好的東西往往是說不清楚的，說得清楚的往往不是好東西！知道為什麼嗎？

4. 必須懂得將標準化的KNOW－HOW經驗，轉換為模組智慧庫，並將智慧資源逐步建立起來，一則可以教後進，二則可以預防設計與開發失誤，三則是加速組織學習及業務人工智能化工作推動。這一部份除了是人才養成最快速的方法，更是生產力得以提升的關鍵。因為它可以簡化料號、降低庫存、及降低供應鏈管理幅度，加速Time To Market!TI及Foxconn在這方面皆有過人之處。

● 問題3：走不出國門，做不了夢幻客戶的第一供應商！

走不出國門，所面對的長期風險為「核心競爭力不足，始終是Me Too！造成P&AE生產力逐漸下降。」

對策：

1.向Foxconn及TI學習怎麼去拿全世界級客戶的訂單。

滿足世界級客戶需求之先決條件為，必須有一套符合客戶要求的營運系統。這些營運系統，必須讓客戶覺得你跟他是門當戶對，讓客戶放心，願意與你往來。好的系統不一定是最貴的系統，但絕對必須是最符合你營運需求的系統，而且能與客戶做連結。

如果你有野心，想成為夢幻客戶的第一供應商，我們可以提供諮詢服務，與您共同出征，但你必須至少先具有跟你目標客戶相接近的經營水準。富智康企業管理諮詢(www.letussmart.

com)可以提供免費的經營診斷與管理診斷內容給需要的企業主做自診,及富智康會提供企業免費的自診後之能力評估報告回饋給企業主,做為能力提升需求指引。如果你被你的客戶認為她跟你之間是門不當,戶不對,那一切就免談了。

2.要懂得怎麼建一套可長治久安的世界級運作系統,並落實執行。千萬記得國外客戶會要求你必須具備這項能力,而且必須落實執行,因為沒有客戶願意為你承擔任何可能的潛在失敗風險。沒有把系統落實執行,就沒法培養人才,長此以往,就只剩P&AE生產力的逐漸下降,結果是坐以待斃。

3.如果你準備好了,放心大膽走出去。

信心來自對變化環境有控制的能力;有控制能力啟始於有知識及持續的學習力!

如果你是一家做嬰兒紙尿褲的公司,該想想是否應到印尼去設公司?那兒產木材,又有幾億人口,在那生產,你有機會賺國際化的錢,同時又有機會降低本國製造費用。問題是你能踏出國門嗎?如你真有需要走出國門去拿第一手的訂單或做國際化運營,找有國際化工作經營經驗的諮詢顧問師,應是你正確的選擇。因為唯有曾經在這樣的環境中成長過來的顧問,才有能力真正解決你的問題,而且首先必須把失敗風險設定降到最低的幹。這也是富智康企業管理諮詢公司把「穩經營、準市場、快執行」做為諮詢服務方針之主因。

「定位→適道→卓越」才是企業長治久安之路。這其中前兩項必須來自「No Experience, No Judgment!」的判定。如果你做事沒有這種判定,就跟搭上一班只有汽車駕駛執照而沒飛行執照的人開的飛機,結果不難想像。

筆記

交流訊息：

kcliu@letussmart.com

kcliu@Doubleright.com

第 七 章

全球化營運管理系統

　　企業全球化運營管理是件極高難度的工作。中國這麼大，在中國如果你有多個公司同時在運營，要把這些公司同時管好，這裏所謂的管好，是從總部的角色去看，全部各子公司、分公司之各個企業經營與管理資訊均透明、即時、連動、能自給、自足、自癒，這是件極度困難的工作，套句習總書記的話，企業全球化運營管理，抓得住的就是機會，抓不住的就是挑戰。

　　企業全球化運營管理，雖然是件極度高難度的工作，但能做好企業全球化運營管理，對於企業的經營本身卻是有極大幫助的。和黃集團主席李嘉誠先生曾經說過，他之所以有敏銳過人的磨礪眼光，在於有國際視野，因此能掌握和判斷最快、最準的資訊！幸運只會降臨到有世界觀、膽大心細、敢於接受挑戰且能謹慎行事的人的身上。

❖ 國際化跨域化運營的挑戰

　　國際化跨域化運營面對的巨大風險與挑戰包括：

* 跨X個地域經營要做到小於X倍數量的管理人才數上升，很困難。

* 製造廠規模可能變小，成本上升，與規劃預估差距很大。

* 供應鏈系統運作不順暢，三呆大增，意謂著更多資金積壓，與潛在的P&AE下降。

* 中央口令與在地化組織動作，在多地不一致。

* 各地經營績效難評斷，生產力差距大，怎麼做才能使得各地域經營變成即時透明的管理，或放手不管?是經營者的一大挑戰常見的是經營資訊不透明，資訊不流通，造成高管決策延遲或失誤。

* 出貨品質，各地不同且差異大。GE前任CEO Jack Welch

推動6標準差管理之原因在此。

● 標準化作業管理困難，多個系統重疊或內容互相衝突，使得資源浪費嚴重。

● 國際化經營問題複雜使得關鍵人才與有能力處理國際化經營的人才變得更難找，且輪調困難。

● 在地經營的諸侯林立，各行其是使得中央與地方關係難梳理。

由此可知如果國際化、跨域化運營做的不好，割地賠款收場通常免不了！

❖ 國際化跨域化運營的機會

但國際化跨域化運營也會衍生一些危機變轉機的機會，例如：

● 營運模式的升級。

● BU求自力更生，客戶群與在地業務的持續擴張與發展。

● 運營環境複雜化與經營風險的增加，可加速提升員工面對問題之預防與解決的能力。

● 必須對檢測業務管理之困難度，及資訊的不透明度作出必須之改革對策，此將會加速系統能力的升級。

● 血統/語文/宗教/風俗習慣的差異融合，企業應具更大包容性與更貼近市場。

● 有機會用全世界的一流人才。

● 可以更快速的掌控全球政經環境，並預見可能會發生的風險問題。

● 養成及建立BU能自營賺錢的營運生態基因。

首先讓我們共同探討以下案例及洞察企業全球化運營管

理所遇到的可能問題。

▶ 案例研討：沒有國際化管理能力　就沒有本土化經營實力！ (摘自縱橫集.曹安邦：　友訊科技總經理口述)

對於經營國際市場業務的產品公司而言，在海外設點，最困難、也最頭痛的環節在於拿捏如何設點？設點之後又該如何營運管理？可是，當許多產品公司下定決心要設點、要好好經營市場，但到了第一線，卻是東南西北都搞不清楚，管理海外據點就是一片霧煞煞。

原來，這位朋友的公司選擇到澳洲設立分公司，但一開始就遇人不淑，雇用的第1任總經理，在總公司編制季報時發現他居然A公司的錢，東窗事發之後，立刻就被開除了。之後，考慮到本土化的需求，朋友透過當地獵人頭公司，找到1位當地人擔任總經理。從履歷上來看，這位新任總經理幾乎無可挑剔，除了是澳洲當地人，學歷、工作經歷都是來頭不小，曾經在知名大型外商澳洲分公司工作多年，這位朋友認為，把澳洲分公司交給他應該就沒問題了。

這位新總經理上任後，接連要求設立發貨倉庫、維修中心(RMA)、技術支持等單位，但過了1年，業績卻還是沒有起色，甚至比之前更糟。我這位朋友就覺得納悶：「沒道理啊，他們要求要本土化，總公司就全力配合，該花的錢都花了，也很授權放手讓他們去做，但怎麼好像就是做不起來。」於是，朋友派人到澳洲去看看狀況，才發現澳洲分公司真的是麻雀雖小、五臟俱全，辦公室裝潢的富麗堂皇，10個人的公司，除了總機接待坐在門口外，其餘9個人都各自擁有1個獨立辦公室，公司有專門負責技術支持、維修服務、市場行銷、財務會計等不同職能的人，但就是沒有業務(Sales)人員。公司業績沒做起來就算了，就連通路也沒建

立,更堆積了許多不適合當地市場需求的存貨,就算真的要賣也賣不出去。而被派去的人,被圍在一堆當地澳洲員工中間,只能客氣的「請教」瞭解營運的問題,也不敢有什麼動作,搞到最後,原本看好的澳洲分公司反而變成大麻煩。

什麼都不用管+什麼都不敢管＝放牛吃草?

問題思考35:

◈ 1. 為何海外設公司會發生海外公司的運營目標與總公司不一致?

◈ 2. 為何被派去海外公司的人,做不了事?

有些產品公司誤以為所謂的本土化,就是儘量不要去管、不要去過問海外據點的營運狀況或策略,因為,只有在最前線的人才最瞭解狀況,總公司如果管太多,反而礙手礙腳。這樣的邏輯基本上沒錯,但若曲解為「總公司什麼都不用管」,或是「什麼都不敢管」,到最後就變成放牛吃草,朋友慘賠的澳洲經驗,就是「放牛吃草」的最好說明範例。日本SHARP公司在鴻海接收前的狀況,也是類似案例。所以這種論點顯然有問題。因此正確的所謂的「什麼都不用管」說法,是建立在海外組織能建立在自給/自足/自癒的BU運作下且能賺錢與持續發展。

問題思考36:

◈ 1. 本土化=不用管;錯在那?

◈ 2. 鴻海整頓日本SHARP公司的料費,工費,及費用採取了什麼對策,才使得SHARP公司得以虧轉盈?

在以代工生產業務為主的工廠文化思維下，臺灣人對於國際化管理較缺少經驗，所以，在設立海外據點時，一開始都會先派臺灣幹部去做，做一做發現不行，覺得應該要本土化，就改在當地市場直接找人，但找的卻還是「人不親土親」的臺灣移民或是會講中文的華人，等到還是不行，才會痛下決心去找真正熟悉當地主流市場的當地人來做。

問題思考37:

◈ 1. 為什麼臺灣企業在海外始終離不開會講中文的華人？系統運作問題還是語言問題是背後主因？

許多臺灣公司都有一種奇怪的心理障礙，就是不敢管外國人，這或許無關膚色、種族的差異，因為就算英文講的再流利，在管理外國員工時，卻總是以「尊重」為名，行「逃避」之實，因為就是不知該怎麼管理，所以就乾脆放手不管，等到真正出事了，才來想辦法收拾爛攤子。

問題思考38:

◈ 1. 非英語系亞洲人為何不敢管外國人？問題出在那？

◈ 2. 海外公司的外國人也不願接受被管？為什麼？該怎麼處理？

在許多前車之鑒例子中，海外子公司常常變成壓垮產品公司的最後一根稻草，可能是因為公司總部不知輕重的不斷塞貨到子公司，也可能是子公司為求業績表現而不斷進貨，但最後卻都因賣不出去、存貨堆積，而造成另一場更大的災

難。在這個澳洲分公司例子中，這位朋友的公司就犯了大錯，因為總公司在評估業績時，看的不是實際銷售到終端的業績，而是由總公司到分公司這一段的銷售狀況，所以，就讓分公司拼命向母公司下單進貨，但買進的產品功能與價格卻是不符當地市場需求的，到最後就會變成存貨惡夢。

問題思考39:

◇ 1. 這個問題是總公司該負責？還是海外公司該負責？

◇ 2. 為什麼會出這種問題？錯在哪？

事實上，所謂國際化價值鏈管理能力，就如同過去縱橫集不斷提到的，要理順價值鏈，就是要「關心」價值鏈上的每一個環節運作是否正常。這不代表就是要一個口令一個動作，而是透過關心達到更有效率的管理。產品公司總部與海外子公司據點間的關係也是如此，都要有好的溝通機制。

問題思考40:

◇ 什麼是總部與海外子公司理順價值鏈最好的溝通機制？

大體上，設立海外據點是為了要本土化，但我認為，沒有國際化的管理能力，就沒有本土化的經營實力。因為，當公司不具有管理國際化價值鏈的能力，很多問題就會一個接著一個發生。所謂國際化的管理能力，除了要有足以因應國際化營運的資訊溝通系統、財務運籌及後方支持體系外，

心態上也要能夠瞭解包容當地不同的文化，近身觀察每個市場的差異，因地制宜的管理海外據點；而國際化的人才團隊也是重點，要能夠與不同文化、語言、背景的人溝通，open mind去瞭解差異，並且熟悉國際市場業務價值鏈上的流程。

問題思考41：

◇ 為什麼沒有國際化的管理能力，就沒有本土化的經營實力？

❖ TI的國際化做法：

TI的國際化做法，根據我在TI工作時的觀察，包含

1.全球使用同一Corporate Policy & Procedure做為公司的經營與管理依據。地方公司的所有經營與管理準則(三階文件)，不允許與總公司的Policy & Procedure衝突，總部的稽核(AUDIT)單位，會定頻的對地方組織進行所謂的PROCEDURE ALIGNMENT與OPERATION COMPLIANCE稽查，並將此結果列入本土組織負責人之績效考核。意即總公司的Policy & Procedure，是一最低執行標準，不是最高標準，所有單位與組織均必須嚴格遵守。

2.全球使用英文，做為唯一的溝通工具，降低種族岐視差異。

3.全球使用同一套IT系統，當年用私雲概念的SMS系統，做為唯一的IT管理工具，英文為唯一語言，所以也解決了系統相容性問題。

4.藉由定義每一組織單位存在的目的與價值，規劃海外公

司的存在目的。組織會因任務而存在，也會因為不具競爭力或任務不存在，而關閉或縮小。

5.每年定下全公司的每一組織的經營目標&績效衡量指針，並做好全球溝通及能力養成培訓，以便各個組織都能把被授予的任務做好。

6.每一組織單位，每年會依組織被授予的任務，定義該組織的月工作目標&績效衡量指針與負責人。TI依據TQC(Total Quality Control)and(POLICY DPLOYMENT)與方針展開，執行全公司有品質的經營與管理，CEO每年會設定總公司目標，及下屬各單位的目標，然後透過IT系統預估年度與季度績效，並與實際結果做比對與檢討。因此，TI的每一組織都很明白瞭解年度目標為何。說的更明白點，不論全球哪個組織，在哪個地域，沒有不清楚該組織的年度目標為何。更重要的是，總部目標與地方目標完全連結，這是執行力得以落地的保證。

方針展開(Policy Deployment)這工具，是每年TI之每一組織，每一員工為欲達成公司年度設定目標，所展開且必做的工作設定。1989年TI在推動方針展開作業時，是Top Down的對每一間接人員都做過培訓，推動決心，非同一般。

每一欲被達成之目標，透過方針展開，一定有次目標、績效衡量指針、相對應的工作內容與負責人。由於TI有強大的IT系統，具強大的執行績效追蹤功能，加上聚焦與執行力，因此才能把國際化做好。

7.每個月收集組織績效達成狀況，並與IT系統收集到的達成狀況做比對。

8.在TI，專案領導人如連3季做不到績效，該組織負責人，大概得下臺了。

9.TI盡可能用當地人才。如當地人才已具備總經理能力，原則上總經理就不會由美國總部派出。

在TI全球各地，你所見所聞只有一種TI文化內容，這才是真正的全球化經營。

說明例：TI謝兵談「海外TI企如何與TI總部溝通」

我先講講我的職位變動作為TI怎麼看的。我們公司高層80年歷史以來一直都是典型的歐美人，美國本土成長的，這是第一次非本土美國人來接任全球副總裁兼銷售副總經理這個重要位置，所以對整個公司來講還是有些觸動的。從共識角度來講，給外面一個信號，TI不是美國公司，也不僅僅是Multinational公司，而是正在希望變成「全球化」的公司，這意味著我們有共同的平臺，共同的價值觀，共同的操作理念，也會有不同的區域化特質。經常很多人看的時候，把這兩個變成了矛盾性的東西，我要本地化，公司總部怎麼支持？變成一場幹仗的狀態。但實際操作起來這兩者是相輔相成的。

解析：

真正國際化運營的公司，絕對是「用人唯才」的。所謂的用人唯才，其理念為「我們有共同的平臺，共同的價值觀，共同的操作理念，但絕對也接受有不同的區域化特質」，「找對的人；放對位置；把事做對」，是用人唯才的基準。中國市場既然是TI未來成長的主要來源，啟用中國高管進入TI經營層，是「全球化」的公司的明智決定。

這個公司最上層的十幾、二十個人，尤其最重要的CEO等那麼幾個人，相對來說是open-minded。首先他們有很好的vision，把TI變成真正全球化的公司，他願意接受、去看、去觀察不同的事務。比如，貼近客戶是他們先提出來的，不是我們中國先提出來

的。如果沒有這些人的承諾、約束與支持，我們再牛沒有用的。

解析：

TI總部瞭解貼近客戶做出其期望才是公司要的，如此才能做對「設對目標、定對策略、給對支持」！TI總部才會給這些人承諾、約束與支持。TI總部的經營是極端聚焦於全球目標之達成、約束及修正，承諾即支持！而「TQC與方針展開」則用於目標瞄準與執行力落地。

真正要成為全球化的公司，價值觀就要統一。這點是非常重要的，如果價值觀相同，基本理念相同的時候，就算我做砸了，做錯了事情他可以容忍。但如果在這上面，假如你不相融，不吻合，哪怕你做對了，人家說撞對運氣了；你要做砸了他可能就窮追猛打。我們也經常爭吵，但由於價值觀統一，所以終會找到好的解決辦法。

解析：

如果大家的企業價值觀統一，表示定位點相同，如果事情做砸了，那只是方法不對，只是沒找對一條奔向成功之路，繼續找方法達成目標，是進一步該做的。TI絕不能容忍企業價值觀不統一，及定位點不相同之事發生，因為這類事之產生，是生產力(P&AE)之致命傷。

❖ Foxconn 的國際化做法：

Foxconn因為做的是代工生意，因此Foxconn的國際化做法，主要取決於客戶是否有此需求。茲簡述如下：

1.依客戶要求，制定每一組織單位存在的目的與價值。客戶沒有海外設廠要求，Foxconn不會主動提出海外設廠要求(但為搶訂單及強化就地出貨服務可能例外)，除非是積極策略目的。

2.海外設廠要求是依eCMMS策略運營的一部份，多數情況是為了降低整體供應鏈庫存，及降低產品在壽命終結(EOL)時之呆滯庫存金額。即使Foxconn有海外設廠，也會在eCMMS運營下運行。

3.如果客戶有海外設廠需求，海外生產的報價與在中國生產的報價，會有不同的成交條件。

4.海外設廠的組織佈局，基本上由總部制定，並以最低下限滿足客戶供應鏈需求為主。這是選取最適經濟規模生產。

5.初期以2 Persons In One Box的組織模式運作工作，以降低失誤及掉球風險，同時解決員工文化差異與時差工作之不對稱問題。

6.在母公司成立專案小組，負責所有重要海外員工之工作培訓，及成立影子內閣，做2 Persons In One Box的培訓工作，以確保海外工作可被copy執行。

7.如果當地幹部工作已可上手，則撤回派駐幹部。

8.對海外公司總經理設下明確工作目標，並與績效獎金掛勾。最大的問題是，上下游公司的產品移轉定價時有爭議，造成經營績效有時難評。

9.為解決工作時差問題，用總部大量的人力做eCMMS供應鏈管理，IT反而為輔。

❖ 國際化跨域化運營怎麼做？

國際化跨域化運營怎麼做？首先必須從複雜的事怎麼簡單的做，及簡單的事怎麼重複的做去思考。因此國際化跨域化運營，首先要想到的是國際化跨域化，會產生哪些問題？及怎麼解決這些問題？

國際化跨域化會產生的問題：

1. 可能看不見問題，聽不懂對方說什麼，也搞不懂為什麼下了一奇怪的決策！

2. 績效難比較，經營成果難衡量。

3. 文化無法統一。

4. 不按牌理出牌。

5. 互相表面尊重，內心誰也不服誰！

因此企業要做國際化的經營，首要之務在於怎麼搭建一平臺，供所有不同國度、省份、地域的企業一起用，並且必須把全部的公司運營都趕上此平臺，如此才可能成功。而總部的角色，則是負責規劃如何使得此一平臺能平順的運作。這其中總部負責各個部門系統規劃、IT系統開發與執行及要對企業國際化成敗負起主要責任。當然經營層的強制要求落地，也是成敗的關鍵所在。

❖ 國際化跨域化運營所必要的步驟及內容

1.建立國際化跨域化運營的策略指導原則，如圖7-1。

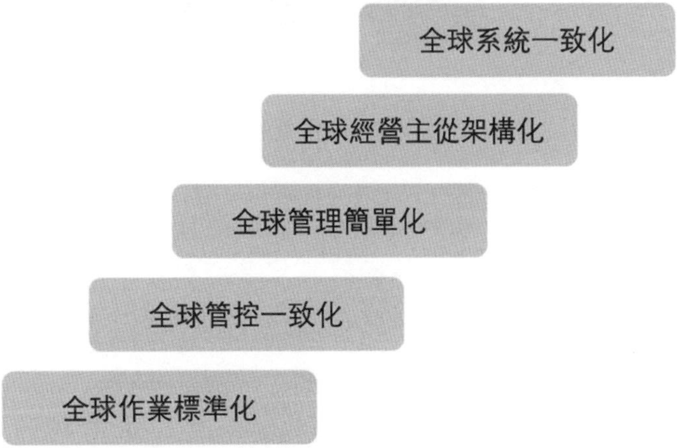

全球系統一致化

全球經營主從架構化

全球管理簡單化

全球管控一致化

全球作業標準化

圖 7-1 國際化跨域化運營的策略指導原則

147

2.建立國際化跨域化運營的目標，見圖7-2。

運營目標的建立，與各組織被賦予的任務有關。如果你是BU，那麼你就得把BU的P&AE做出來，讓BU的營收及獲利能達到。如果你是成本中心，你就必須把標準成本的設定目標做到：

圖 7-2 國際化跨域化運營的目標

這也就說明了，國際化跨域化運營的目標不會因為公司在臺灣就設定臺灣標準，在美國就設定美國標準。意即在國際化跨域化運營的條件下，幹部人才，沒有分地域，只有能幹不能幹，不能幹就下經營對策解決。

問題思考42：

◈ **想一想為什麼需設這樣的目標？**

3.定位國際化、跨域化經營與系統的建構，含企業經營宗旨&經營方針圖7-3。

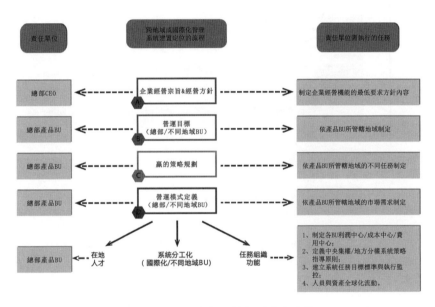

圖7-3 國際化跨域化經營與系統的建構

4.制定營運目標(總部/不同地域BU)，見圖7-4。

由於TI是一品牌公司，營運目標之制定，係由總部BU所決定，再展開到不同地域BU。費用單位之預算，採用零基預算制。如果是成本中心，依循標準成本制度報價，但報價之依據為被核准的生產力模式。成本中心的責任是把生產力每年提升30%(Cost Less Chip部份)。

B 營運目標（總部/不同地域BU）

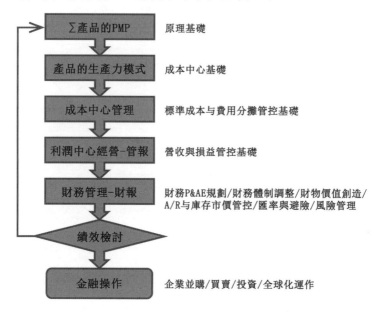

圖7-4 國際化跨域化經營管報與財報系統的建構

5. Foxconn 的營運目標制定，主要是爭取客戶手中量大、營收大的訂單，且以每年能成長30-50%為目標，因此期望能以eCMMS的模式，吃盡能吃的所有客戶訂單，並鞏固其eCMMS之營運模式。

6.制定贏的策略規劃

贏的策略規劃，主要是使得營運模式得以持續，並使得企業的P&AE得以最大化，以及企業該在整個供應鏈上賺哪一段提供價值的錢，見圖7-5。贏的策略規劃，係用於支持整個公司運作。

例如:

Foxconn的營運模式為CMM,即做代工一條龍的服務。因為Foxconn的產品主要是機構件設計、開發、與製造,因此Foxconn集團的贏的策略規劃,比較合理的解說應是「以機領電」。但更深一層的策略應是機構件怎麼贏。如果機構件包括機構件設計與開發,那麼機構件設計與開發贏的策略應是「快、穩、準」。

此也說明了在國際化跨域化經營下,企業整體會有贏的策略規劃,個別組織也一定會有策略規劃。

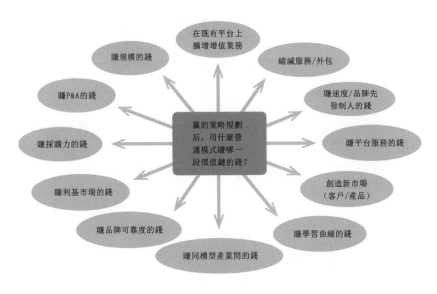

圖7-5 策略規劃VS.營運模式賺錢

7.營運模式定義(總部/不同地域BU)

營運模式之產生,其實是很單純的一件事。只要做好下列事項,即可得出。

A.把你跟客戶綁定在一起當成一個公司看。

B.瞭解客戶的營運模式及供應鏈運作。

C.客戶做不到或做不好或不做的，就是你該做的。

D.想出你怎麼做才能才能雙贏才能更好。見圖7-6。

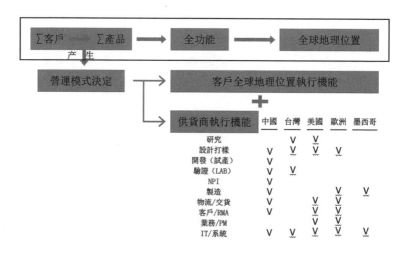

圖7-6 營運模式產生及組級規畫結構

問題思考43：

◈ 1. 代工公司，做ODM服務，會產生那些問題？

◈ 2. 對哪一類的客戶，你千萬別去介紹你有ODM能力？

◈ 3. SHARP要去美國設大面板製造廠，請思考國際化人才培訓與KNOW-HOW分享應會怎麼做才好，如果再加上廣州廠，又該如何解才合理？

8.國際化跨域化運營系統的建構

國際化跨域化運營系統的建構,主架構必須走向雲端化,從架構絕不能跳脫主架構的框架。地方系統之開發只允許外掛。國際化跨域化運營系統的建構思維,見圖7-7。

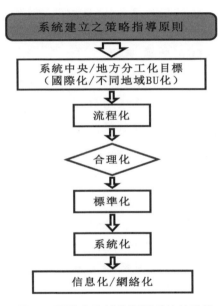

圖 7-7 國際化跨域化運營系統的建構

◆◆國際化說明例:從國際化變成臺灣化的結果(資料來源:網路訊息)

宏碁2013年第3季大虧131.2億元新台幣,王振堂在龐大壓力下請辭獲准,細數王振堂帶領宏碁期間的功過,一路走來,可說步步有爭議,漠視市場需要,導致優勢流失,宏碁慘遭邊緣化,最後幾乎砸了宏碁這個「臺灣之光」。

153

臺大電機系畢業的王振堂，進入宏碁後，從基層的電子零件銷售工程師一路爬到董事長，是宏碁的元老級員工，更是宏碁創辦人施振榮的愛徒。

2000年12月宏碁發動企業大幅改造，分割代工製造事業及品牌事業。王振堂以其在大陸以及臺灣成功經營宏碁品牌的經驗，負責掌管品牌全球營運。2004年底，施振榮自第一線退休後，王振堂以接班人之姿正式接掌宏碁擔任董事長，帶領宏碁朝向世界前三大PC品牌邁進。

施振榮為打破國籍的藩籬，提拔宏碁歐洲區總經理蘭奇（Gianfranco Lanci）接任執行長、全球總裁暨總經理，成為本土企業一大突破，但王振堂的許可權也遭削弱。

當時蘭奇的最大任務，是將宏碁推向全球筆記本電腦第一名，只是任務還沒達成，就爆出與王振堂有間隙。

內鬥之後，王振堂勝出，宏碁以天價12.84億元的退職退休金請走蘭奇，王振堂再度大權一把抓，但人事紛爭停止後，蘋果平板電腦崛起，靠筆電起家的王振堂，始終相信筆電不死，對小筆電更是情有獨鍾，結果造成宏碁在平板電腦佈局上吃下敗仗，宏碁虧損連連。

這次王振堂黯然下臺後，施振榮再跳火坑，只是宏碁的市場版圖優勢盡失後，施振榮能否力挽狂瀾，化解王振堂因決策失準帶來的傷害，還有待觀察。

國際化說明例：友訊科技（DLINK）全球化案例分享（曹安邦口述）

Q：友訊是如何定下「在地化」的國際市場策略？

A：做國際市場本來就要「以夷制夷」，沒有外國人，只有生意

人!

我們在當地找人，不會透過獵人頭公司，而是請通路合作夥伴推薦熟習生態的人才。因為在較封閉的國家，英語能力佳、具有跨國公司營運經驗的經理人不多，他們可能就在有限的幾個位置上跳來跳去，所以累積了顯赫的履歷背景，卻不見得有真正的營運能力。但我們進去就是立刻要開幹了，不懂市場怎麼可以！

Q：經營國際市場的成功關鍵是什麼？

A：要理順價值鏈，從產品製造、代理銷售通路（distributor）、經銷通路（reseller）、到終端消費者（end user），去掉不必要的環節，補強不足，市場才能順利推展。

價值鏈不外乎錢流、物流和資訊流，國外法令、市場都不同，加上文化差異，所以比國內的價值鏈複雜很多。然而，無論是國內或國外，兩種價值鏈仍是萬法歸於一宗，要主客雙贏、要產品有價值、要能長期承諾、要產品價格、品質、服務支持好。基本條件會因市場不同需要微調，但大方向是不變的。

理順價值鏈時，需要解決問題的能力，尤其是解決衝突的能力。跟客戶、通路，都可能發生利益衝突，但衝突能讓我們看清真相。而解決衝突的方法就是，不怕它、面對它，告訴對方你的價值、底線和願景，造成雙贏，不是狗咬狗一直爭。

Q：這就是你在新書《繞著地球做生意》裏提到的「心中有刀，手中無刀」？

A：是啊。刀，是你的價值，也是底線；也可能是產品、團隊、品牌聲譽、經營能力或資金。「手中有刀」是一開始就告訴對方，「你不跟我做生意，我可以找別人，但是你可能會因

此受到傷害」；不過，經常恐嚇對方，生意根本做不下去，所以要「心中有刀」，適時讓對方知道自己的價值，才不會被「看衰」！

談判都是這樣，臺面上，雙贏；臺面下，要讓對方清楚知道，我是認真的、有影響力的。但是你也不能吹牛，給人家發現「啊，原來只是把彈簧刀！看破手腳」。

Q：臺灣廠商容易在價值鏈的哪些部分犯錯？

A：有些臺灣廠商比較急功近利，只想花小錢，不願在當地找律師和會計師，隨便找個小經銷商賣一賣，只是把產品 sell to（塞給通路商），沒有 sell through（透過通路商賣給終端消費者），一下就把市場玩死了。

很多臺灣企業會說，「我哪有時間做這麼多事？」這就是關鍵了：是要「租」一個市場，或「買」一個市場？「租市場」就像透過商展找個經銷商，有機會就賣，沒有好好經營的決心；「買市場」則是要當地化，賣適合當地市場的產品，這就是個大投資了。

你當然可以求快、求簡單，先用低價吸引消費者，把知名度打開；但是當要進入正規戰時，才發現產品的形象已經打爛了，這都是 trade off（取捨）。友訊過去在韓國就是跟小經銷商合作，結果對方倒帳，把 D-Link 的形象也搞得很差，花了很多力氣才扭轉過來。

另一個問題是，臺灣廠商喜歡透過「關係」，找海外華人幫忙經銷，但是華人經常買空賣空，最後反而落進圈套。友訊剛開始在巴西市場就是用華人，結果他倒了一大筆帳就跑了！

發生這種問題，通常是因為沒有做好策略思考的基本功。在決定「要不要做這個市場」前，要先想想「為什麼要做這

個市場」：是因為可以帶動其他產品銷售？還是因為別的客戶看到我們跟大廠商合作，會被吸引過來？還是這個案子本身不賺錢，但周邊商品可以賺錢？只要清楚自己的底線和目的，就算虧錢，也可能是成功的。

比如說，經營日本市場可能要熬三、五年，虧很多錢；但是日本市場可以幫我們練兵，學到品質、規格上的經驗；而我們在新加坡的零售市場是第一名，雖然虧錢，但新加坡是東南亞市場的指標，對鄰國有非常大的影響力。

Q：決定要「買」一個市場前，你會評估哪些面向？

A：先想市場有沒有前景？產品是否適合進入這個市場？接著再考慮進入障礙，像競爭對手多不多？當地稅高不高？人難不難找？等等。

做決策前要沙盤推演。然而變數太多，所以也只能推到一定層次，雖然不可能穩贏，但至少能減少失敗機率。

進入障礙，除了當地的環境，還有自己的readiness（準備度）。如果這個市場要花3年、5000萬美元才能開花結果，你有沒有這些資源？能負擔、承受的投資與風險底線是什麼？現在玩得起，未來也玩得起嗎？公司資源就這麼多，該放在哪個市場？

如果對市場進入障礙，及自己擁有的資源瞭解不夠透徹，貿然進去後才發現真相，就得面對抉擇。「頭已經洗一半」，到底是要退還是進？我們每天都在處理這些事，真是「捏怕死，放怕飛」，哈哈！

拿捏得好，要靠know-how。這是一種經驗、創業家心態和勇於嘗試的精神，很難被複製。真正在場上對打的時候，臨場表現還是很重要。這種know-how很難傳承，只能靠個

人修練，不落入假設和執著，用開放的心看事情。但做國際市場會給你更多修練的機會，因為人和市場的變化更多。

Q：你現在還會因為「假設」而摔跤嗎？

A：會啊，每天都會！我每次都會想，「啊這不是上次已經摔過了，怎麼又摔一次？」人世間的事多數都不是黑白分明的，所以必須考慮很多因素。就像過河，最快速的方式是走直線，但中間有很多暗流，所以必須迂迴前進（用雙手比劃），摸著石子過河，否則就可能死在中途了。

在剛進入市場時，尤其會摔很多次。我們剛進入日本時，總經理告訴我，只要找3家經銷商，他們就自動會賣了，我用經驗告訴他，「不可能！」但他是我找來的，總是得尊重；加上我也覺得僥倖，想說「搞不好會做起來」，沒有全力阻止。結果市場沒做起來，總經理也離職了。

Q：國際化是友訊很關鍵的成功因素，未來會朝這個方向繼續嗎？

A：友訊過去數十年雖然因為「去中心化」（de-centralized）的國際化策略而成功，但過去的成功並不代表未來的成功，沒有一個商業模式可以永遠引領風騷，所以我們開始進行全球化（globalized）。其中最困難的部分，在於全球的系統整合。什麼要先、什麼要後，什麼要砍，什麼要留，這部分可能會產生很多爭執，因為收斂比創業還難吶！

曹安邦

1956年生，伊利諾理工學院MBA。曾任臺灣IBM中小企業經銷經理、迪吉多亞太區經銷業務負責人、友訊國際業務區總裁。

友訊科技

成立於1986年，以「D-Link」品牌為名銷售全球170多國，品牌價值超過3億美元，是全球第三大網通公司。

筆記

交流訊息：

kcliu@letussmart.com

kcliu@Doubleright.com

第 八 章

策略與併購

　　企業併購策略必定與營運模式無法切割。Microsoft買下Nokia，是因為Microsoft極端想擴大屬於微軟自己的手機用作業系統平臺，能與更多用戶連結，從中找到更多盈利機會。怎麼產生營運模式，請見前一章圖7-6。營運模式產生很重要，更重要的是贏的策略與怎麼做組織規劃使得策略得以落地。策略要落地，企業一定要有核心競爭力，否則策略就淪為空談，而這也成為企業併購不斷發生之主因。讓我們先看看幾位名企業家對營運模式及策略的說法。

❖ 馬雲談公司營運模式

　　中國阿里巴巴集團董事局主席兼首席執行官馬雲建議：公司營運模式，要做成無法被複製的藝術品，因為可以被複製的模式沒有價值。

　　有人提問，企業到中國應以何種營運模式較易成功？馬雲回答：成功沒有模式，每個人走的路都不一樣(這就是適道之路)，大家看到的是阿里巴巴做對幾件成功的事，卻沒人看到背後犯幾千件錯。馬雲說，公司營運一旦形成模式，可被人複製，都不會太有價值，能拷貝的一定不是好東西。

　　他說，過去10年，公司營運經歷很多痛苦，「再走一遍我走不了，有些機會沒了，但卻有些人分析的頭頭是道，我說胡扯，當年根本不是這麼回事」。

　　他認為，成功的人往往說不清楚，說清楚的人不會成功，因為會說清楚的都是大學教授，但事實不是那麼回事，且「等到你的成功模式被外界認定，離死也差不多了」。馬雲說的也是對

　　NO EXPERIENCES，NO JUDGEMENT!的詮釋！

❖ 郭台銘談「贏的策略」

資料來源：摘自郭台銘先生9月16日在杭州「第四屆網商大會」上的演講整理。

► 關於贏的策略

成功有三步曲，首先要有贏的策略，第二要有必勝的決心，第三要有科學發展觀的方法。「策略」我簡單地分解為方向、時機、程度。你的方向，你要做哪個產品，你要發展哪一個地區的客戶，要做哪個階層的客戶，涵蓋的面是哪個面，要找哪些技術，要找哪些供應商，這些都跟方向有關；時機，網路經濟的時機現在才剛剛開始，所以我才會站在這裡演講；程度，看你做事情的執行力。有好的策略，正確的策略，贏的策略。再就是要有決心，永不放棄。最後是方法，要用科學的方法，有時候方法不對可以修正。

講到贏的策略，方法有幾種：要有贏的條件、贏的精神、贏的習慣、贏的團隊，還要有感恩跟回饋。

贏的條件：首先要有正確、對的策略。第二要有責任心的管理，第三必須有正確的價值觀。這是贏必須具備的基礎條件。

贏的精神：各位網商跟我一樣，我們雖然是地上跑的馬，但我們希望馬能騰空，所以有人叫馬雲。如果他沒有這個夢想，他可能叫馬海，而不叫馬雲。要有夢想，阿里巴巴也是一個夢想，因為芝麻開門以後進去，也許看到的是金磚，也許看到的是一群蝙蝠。要有夢想是贏的精神所必須具備的第一個條件。第二要有自我實現的預言。第三要正向思考。

贏的習慣：第一個是要有計劃和執行。做任何事情，必須

要有計劃，又要有非常強的執行力。光有計劃不夠，也要能做。沒有計劃會一團慌亂，但光有計劃也沒有辦法得到經驗。計畫跟執行中很重要的一點，這就是要有贏的習慣。第二要注意兩個競爭者，這兩個競爭者，對你都非常重要。哪兩個競爭者？一個是時間，一個是你自己。時間對你來講是最重要的競爭因素。你要注意，你自己非常重要，其實你不是跟別人競爭，你自己跟自己競爭，最重要的是今天能不能比昨天更好，明天是不是比今天更有思想，能夠創造更多的商機，這是兩個競爭者。第三，不要依賴運氣。第四要累積小的成功。累積小的成功非常重要，所有的網商不要想一步登天。馬雲也是經過很多年的耕耘，才到今天的地步。第五是永不放棄。遇到困難不要放棄，任何能力的培養，都是因為遇到困難，去解決困難，才培養出你的能力。如果沒有困難，永遠不能增進你的能力。我常常說喜歡挑戰，喜歡挑戰困難，因為只有困難才帶給你經驗，才帶給你解決問題的能力。所以遇到困難肯定絕對不能放棄，這是學習成長最好的機會。

還要有一個贏的團隊。桶板理論是我聽柳傳志先生講的，這跟外國的團隊合作理論是一樣的。當木桶的每一個木片捆在一起時很有力量。今天每一個木片代表一個團隊的很多人，不是以最大一塊木片做為裝水的衡量，而是以最小的木片來決定你裝多少水。在一個團隊中，不是以能力最強的人作為成功或成就的關鍵，最弱的人才代表團隊的整體實力。怎麼處理最弱的人把他提升到最強的人？第二是發覺別人的優點，第三是要逆向思考，第四要達到職業的水準。做任何事情要有職業水準，今天處理任何的產品、包括採購任何的手機，要能夠變成專家。美國有非常多的專業買手，美國網路經濟的興起，在初期都是專業買手在網路上買他在一般店找不到的產品，才變成網路經濟的發展和興

起。做任何事情，一定要有職業的水準。

❖ 企業為何執行併購策略

企業執行併購策略，通常為了使自身的營運模式更紮實，有更高的P&AE，及構築更高的競爭者進入障礙，與更寬廣的護城河，使對手很難超越。這其中之體現為：

1.形成規模經濟，以拉升P&AE及降低成本，使得競爭者無機可乘或退出。例如Foxconn的做法。

2.維持營運模式之持續性，構築更高的競爭者進入障礙。例如Google 與Baidu。

3.買專利、技術、公司了及人才，補核心競爭力之不足，加速新產品上市，及構築更高的競爭者進入障礙。例如TI及Foxconn的做法。

4.強化品牌知名度與綜效，讓客戶認識你，拉升P&AE。例如TI併購NATIONAL SEMICONDUCTOR國家半導體公司。

5.提高全球市占率大於5%，使自己成為市場上的主要玩家之一，加速市場寡占，使大者恒大，小者邊緣化。

6.為因應營運模式之改變，補產品及技術之不足，如Cisco之不斷的企業併購。

▶ 說明例：看TI併購NS的思維

資料來源：http://www.lsdtek.com/article-.php?id=18

借日前德州儀器在華二十五週年慶典之際，本刊記者採訪了TI CEO Rich Templeton，解密了近來在TI身上發生的一系列重大事件……

記者:大者恒大的故事在半導體市場不斷演繹著,尤其是近兩年當全球的半導體處於低谷期時,兩個老大英特爾與德州儀器卻不斷上演著收購的故事。前者是數字IC領域巨鱷,做「大」是不變的定律;然而後者正在由數位向類比/混合IC轉型,對於類比IC公司是否要做大,業界尚沒有一個定論,TI的不斷收購與壯大是要給業界一個明確的定。

Rich Templeton:我們認為領先的模擬IC公司要做到三個Great!第一個強大,是要有強大的產品和技術;第二個強大是要有強大的生產製造能力,特別是低成本快速、大批量製造的能力;第三個強大是要有一個覆蓋全球的強大的銷售、技術服務體系。」他特別強調,「只有同時做到這三個強大,才能成為業內領先的模擬IC公司。

注:Rich Templeton充分說明了TI的營運模式為IDM(Integrated Design & Manufacturing)。 其中強大的產品和技術,表示TI必須確保自身有強大的產品市場機能,及產品設計能力,這是Time To Market的能力。要有強大的生產製造能力,特別是低成本快速、大批量製造的能力,表示TI必須確保自身有強大的IC制程設計能力,此制程設計包含Fab 及Assembly & Test的自動化製造能力。這是Time To Volume的能力。

要有一個覆蓋全球的強大的銷售、技術服務體系,這是Time To Money的能力。

收購國半的N個理由和整合計畫

Rich Templeton:

他解釋,美國國家半導體的產品線橫跨1.2萬種產品,德州儀器的產品線則橫跨3萬種產品,所以此次收購完成之後,將會形成超過4.2萬種產品,具有高度互補的組合。

同時，此次收購行動更是向美國國家半導體公司原有客戶發出非常之明顯的信號，那也就是說在收購完成以後，TI將會繼續保留美國國家半導體目前的產品線以及製造產能，客戶無須切換目前的供應商。如果收購被批，按照TI的計畫，國半將作為一個獨立的BU設立在TI的模擬事業部下面，與目前的HPA、電源IC、ASSP/logic三個BU並列。而在銷售端將保持各自的銷售團隊與代理商團隊，也就是銷售端只會做加法，不會做減法。這正是為了充分利用TI的銷售網路來支援國半的客戶。

注： Rich Templeton充分的說明了TI收購NS的行動可以增加營收及擴大市占率。

而對於大家討論的TI收購NS後許多產品重疊的問題，TI中國區總裁謝兵作出了更詳細的解釋。「關於產品重疊的問題，如果從很高的層面來看，確實它的產品種類和目前TI很多是重複的，但如果往下走一到兩層的時候，可以看到我們兩家產品的重疊率不高，甚至我個人觀點是很低的。

注： Rich Templeton充分的說明了TI收購NS的行動從底層的角度去看，基本上是高度的互補，產品的重疊性很低。

此外，在新能源部分國家半導體帶來的補充也是相當地有前景的。「確實，新能源是我們很看重的領域，TI很多產品用到新能源市場，從風電、光電到電動汽車都在用。收購國半之後，更加強了我們在這個領域的地位，比如LED方面，它走的比較靠前，它在高壓以及廣義電源基礎技術研究上都還是不錯的。總而言之，到目前為止我們對這個非常有信心，而且從客戶的回饋來講，坦白講很多客戶顯得非常期待這樣的整合。

注： TI收購NS可以達成以下目的

166

1. 產品種類水準擴張。

2. 產品具有高度互補的組合，提供客戶更直接的通吃服務。

3. 擴大客戶群，加入NS的客戶。

4. 取得NS在新能源用的模擬IC上的領先技術，以及互補的模擬IC相關技術。

總結：

TI收購NS目的在於用收購，把IDM的營運模式，做到更符合當前TI所定位產品線目標客戶需求，同時拉升市占。TI收購NS之先決條件為收購NS，符合TI的經營定位，並且可以提升TI的P&AE。

► 說明例：Foxconn的併購策略思維

Foxconn的併購策略思維，以支援eCMMS營運模式之持續性，做為策略指導原則。由於Foxconn以代工為主，且自己定位為，賺的是規模經濟下零組件的錢。因此確保訂單、客戶Light Touch、及大量組裝生產銷貨，為eCMMS營運模式是否可運行之要件。所以其併購策略思維，圍繞著這些核心之上。例如，為了以eCMMS模式切入網路通信事業，併購了呂總的鵬X科技。為了以eCMMS模式切入手機通信事業，併購了黃總普X科技。為了滿足eCMMS模式之核心競爭力，買黃總衝壓模具廠、乙X塑膠模具廠、及各種表面處理廠。而這些併購策略均是為Foxconn的eCMMS營運模式服務更為完善。在AI大行其道之當下，個人相信Foxconn會持續併購很多AI相關企業補強自身能力之不足！

總結：

併購策略思維如人騎自行車，兩腳使勁踩1小時只能跑10公里左右，茲假設自行車就是你的公司；當你正確的**併購**一家

公司，如同你買了一部汽車，一腳輕踏油門1小時能跑100公里，如果你能駕馭你併購進來的公司，你就能贏。

併購最大的問題是怎麼處理被併購公司的人事問題及系統整合問題。如果你的公司沒有很標準的系統運作，處理起被併購公司的人事問題，將會是你的痛。因為你會發現你所面對的是2家不同的公司，有2組文化不同的人馬，用2套不同的系統運作，在經營你的公司。當年BENQ併購SIEMENS，問題就出在這，最後不可收拾。

TI的併購，對被併購的公司，通常只會在一定期限內留下關鍵的少數人才，其他人基本不留。TI之所以能如此做，是因為TI有世界級的系統，TI只要調兵遣將就能很快的把被併購的公司變成TI家族公司的一部份。2008年當全球金融危機發生時，有很多公司被併，但也有很多併購失敗的例子，原因在於無法將被併購公司融入母公司的經營文化中。如果你想通過併購使企業成長，最好想清楚你是否有能力開這部車，不然你買了車可能還因為過忙，沒時間開，使企業併購成為一場災難。

交流訊息：

kcliu@letussmart.com

kcliu@Doubleright.com

第 九 章

BU經營

❖ 領導人心思應該花在哪？

面對瞬息萬變的時代，企業無不絞盡腦汁思考如何維持企業競爭力，其中，領導力是企業維持競爭的最重要關鍵因素。2007年，DDI針對臺灣638位經理人、57位人力資源部門及全球42個國家4559位經理人，所做有關領導力標竿的研究調查出爐。在DDI調查報告中發現，臺灣區領導人花最多心思的是「創造營收成長」(60%)，其次是「培養及善用人才」(57%)與「品質改善」(56%)，相較過去2001及2003年的調查，在2005年時，有更多的主管關注於「人才培養」及「成本控管」。這意味著隨著這幾年景氣環境變動，組織除了對財務利潤更加重視外，同時也體認到人才的拔擢與培育是企業競爭的重要關鍵。

這份報導說明了以下重點：

1. 從P&AE最大化的思考去看，創造營收成長，應該是領導人最重要的工作。訂單量不足，管理成本將快速上升，企業賠錢，一切免談了。

2. 好不容易創造出有營收成長的機會，要怎麼做才能變成真正的營收，是領導人在執行上最重視的工作。而在執行上最重要的是公司體系是否完備，是否有辦法把訂單落地出貨。

3. 如果公司體系不好，即組織與人員不對，或系統不完備，好不容易接進來的訂單，有非常大的可能，因為資源或自身能力不足，無法如期交貨，勢必會是場災難。這也是為何領導人第二重視「培養及善用人才」與第三重視「品質改善」之原因。

4. 成本控管在2007年之地位，較之在2005年時在關注上有些跌落，這其實比較是假像。個人相信領導人絕不是不重視成本，而是領導人悟到要降低成本，最重要的關鍵在於創造公司營收成長，以及把訂單的貨做好，並且如期出貨，又不發生退

貨，這才是最大的Cost Down！

❖ 什麼麼是企業經營的彼得原理

企業的經營體質（P&AE）到哪，該企業在產業中的競爭排名地位，就停到哪！這就是典型的企業經營的彼得原理。

瑞士若桑管理學院，在對企業的經營評估中說：世界上只有兩類企業，一是正自由現金流生產力，持續穩健成長；一是金流生產力停滯，或逐漸由正變負，而走向滅亡！

這也說明了法人的遭遇與自然人相同。能力與實力如逆水行舟，不進則退！

如果你公司的金流生產力停滯，或逐漸由正變負，你該怎麼辦？以下大概是領導人的一些選項：

1. 不認同現實，自認運氣不好，等待景氣好轉。

2. 承認了能力或不足，想求助，但有面子問題，不好意思開口，甚至不能說，還得提防銀行雨天收傘。

3. 想求助，但求助有門嗎？找誰協助呢？還有，根本就不信別人比我懂。

4. 想自救，但現實是，大企業不可能願意跟你分享他過去是怎麼走過來的！小企業就更沒資源談了！而且這些過程往往還是經營之秘密，要得到怎麼解，幾乎是不可能！

❖ 談CEO

執行長(CEO)的職責顯然和公司中的其他工作不同。CEO所需具技能必須是跨領域的。理想上，要當個CEO應該要具備一些在工程、市場、銷售、法律、人力資源與金融等不同領域的

經驗。但事實上,期望一個人得擁有廣泛的技能並不切實際,除非這個人已經是一位經驗豐富的CEO或資深主管了。

CEO做的成功的關鍵,往往在於背後擁有一支可提供各種智慧與諮詢的智囊團。此包含周遭有一群優秀的人才,包括董事會、員工或良師益友。對於初次創業CEO來說,強烈建議要和有經驗的人合作。它可能是董事會成員、良師益友或任何其他合適的人。CEO之路走來可能十分寂寞,能有一個值得信賴的合作夥伴是極其珍貴的。

此外,初次創業CEO可以聘請財務長(CFO)指導高階管理技巧,這是平衡計分卡談的,也是P&AE得以引導成長的關鍵。但之後可以再經由值得信賴的顧問或董事會成員協助查證所學到的資訊。就像美國前總統雷根常說的:「要信任,但也要查證」(Trust but verify)。

大概沒有什麼比在職訓練(OJT)更有效的了,但是也不應該忽略了各種專為高階經理人而寫的經營管理書籍,這些書籍提供了可讓公司業務精益求精的不同觀點。

❖ Foxconn郭董心中CEO的任務:

在郭董心中,他認為CEO的任務如下:
1. 定營運模式
2. 挑客戶
3. 挑產品
4. 選技術
5. 選人才
6. 挑股東
7. 找策略夥伴

個人認為這7項之前還有第零項「企業定位」此應已放在郭董內心未被公開陳述。如果沒有「企業定位」，就不會有第一項。所以CEO的任務應有八項。

其中第一項為企業必須先認識我是誰，即自我定位自己是個什麼樣的公司，有什麼價值，才能夠很明確的定出適合自己，也適合目標市場的營運模式。

第二項及第三項為明確定義目標市場在哪？依自我定位自己是個什麼樣的公司，把目標市場找到。

例如，如果你想跟全球市占排名前幾名的客戶做生意，首先你必須先了解客戶對供應商的進入門檻是什麼？如果你做不到，那你得開始佈局。開始佈局之首要件，為依客戶的營運模式，及自我的定位去思考，怎麼才能把生意拿到。這包含：

A.什麼才是客戶與你的雙贏模式

B.如果雙贏模式已定，在我的經營範圍內，缺了什麼能力，必須補強。而且還得找到一隻小白鼠，做出東西賣出東西給它，讓客戶相信你有能力。

第四項選技術，及第五項選人才，即為進攻且標市場之佈局補強，同時也對核心競爭力的護城河加固。

第六項挑股東，指的是把周遭有一群優秀的人才，包括董事會、員工或良師益友，變成股東，一起經營。

第七項找策略夥伴，目的是為了把客戶服務做得更好，而形成多贏的局面。

由以上思維可知，1995年鴻海由品牌連接器產品再轉做PC Bare Bone代工，再轉做PC之M/B代工，再轉做PC系統代工，再轉做伺服器代工，再轉做遊戲機代工，再轉做手機代工，都

能成功，如果沒有郭董嚴密的思路佈局，是根本做不到的。他的經營思想與高瞻遠矚，非常人能及，也是做為製造領域的企業家可以一學的榜樣。Foxconn有今天的成績，是一步一腳印摶出來的，絕非運氣好。

❖ 企業該怎麼經營好BU？

做好BU經營：

► 1.首先必須定位BU存在的任務定義。

BU存在的任務定義為，最大化以下生產力公式。

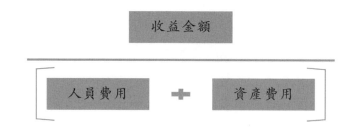

► 2.構建BU運作系統目標

BU是一利潤中心，因此BU運作目標如下：

A.單位時間內，同一產品BU內人員與資產，所產生的收益金額，即營收，力求最大化。

B.單位時間內，達成BU收益目標金額所需的人員與資產所產生的費用成本，力求最小化。

C.必須培養組織有狼性生態，能自動自給自足自癒。絕不能讓組織內人員等著被餵食，必須讓組織內人員，能合作自動

去找食，找對有生產力的工作做。

D. 績效獎金能與經營績效，必須清晰掛勾。

由此可知，BU設立的策略原則：穩經營➜準市場➜快執行。

❖ 什麼是穩經營？

穩經營就是：避免有財務重大風險的生意經營。

因此避開企業經營重大風險，為BU設立的首要之務。

以下做法可供做BU設立的避險參考。

- 集團在最小潛在企業經營風險下，導入BU經營。
- CEO暫不放一線的客戶權。
- CEO暫不放一線的產品權。
- CEO暫不放財務權，財務授權依簽核許可權授權。
- CEO培養或找到適任的BU領導後，再逐步放權。或找對的人，把經營文化調正後，再逐步放權。
- CEO檢視BU的組織規劃與運行，特別在「找對的人、放對位置、把事做對」上，再放權。

❖ 什麼是準市場？

準市場就是：瞄準的客戶及產品與要準，服務要到位，使產品與服務得以把現金快速換回。

做法包含：

1.企業經營定位、客戶切割定位、產品切割定位、營運模式切割、組織切割、人力切割、系統切割、都必須要精準不模糊，並在明確可行後，企業才執行BU設立，避免BU運營無效。

2.必須先完成成本中心及費用中心的建構，再逐步導入以

產品為BU的利潤中心經營。

3.以BU管理損益報告,做為經營績效的評估依據。以財務報告做為BU以現金為本的經營績效評估依據。即以KPI管理人,以生意管財務。

4.當BU管理損益報告結果,與BU以現金為本的經營績效評估結果有出入時,必須找出問題產生之原因,而且絕不能放過。必要時,需修正BU管理損益格式內容,以確保BU管理損益報告,與BU以現金為本的經營績效報告,有幾乎100%的連動與關連性。

❖ 什麼是快執行?

快執行就是:管理功能的執行要快。

管理功能指的主要是4大系統,即研發系統、供應鏈系統、品保系統、與損益結報系統的運行必須有高度效率。要使4大系統具備高度效率的要件為:4大系統是否與營運模式匹配良好,組織規畫是否依策略指導原則去做及是否有高度的規格遵守紀律。

問題思考44:

◈ 為什麼我們管報帳上賺到的錢總是庫存價值?

如果一家公司,如果不以Cycle Time當成主要KPI經營與管理指標,來評估公司的BU經營績效,這家公司的BU經營,一定會常在以現金為本的經營績效上出問題。 特別是損益結報帳上賺了大筆錢,但現金簿上卻看不到現金,反而見到庫存多了,並且無法使庫存變成現金回來。這也是常見製造單

位說，我的管理損益報告有賺錢，為什麼BU大賠的根本原因。

問題思考 45:

◈ 1. 你的公司為什麼總不斷有3呆要打？你想過根本原因是什麼嗎？要怎麼解決呢？

◈ 2. 你想過怎麼能不發生3呆嗎？而且一有小3呆，你就知道。

◈ 3. 你的公司有做各環節運作的週期管理嗎？知道怎麼做嗎？

◈ 4. 你是品牌公司，有管報損益，能真正反映3呆嗎？

❖ BU設立要解決的穩經營風險

A. 明定營運模式、目標、經營策略、與資源取得、分配與運用等現實問題，以避開BU運營無效。

B. 按客戶切割、產品切割必須避開客戶可能要面對同一公司，有多個BU業務視窗口，並做好客戶分級分類的服務.

C. 按營運模式切割，可能造成供應鏈上成本增加。怎麼把IT做得可以供多個BU可同時運作，極為重要。

TI在這方面做的極好，因此SCM上的人員生產力極高，SCM的人用的很少，少到只有進銷存部份只有幾個人，而且還能不出錯，這就是IT的功力。

D. 按組織切割，可能造成整體組織上人員疊床架屋，成本增加或沒有人才可用，因此組織依服務型態做規劃變成很重要，例如EE設計依選用的晶片去做，驗證則規劃成共用工程池(ENG Common Pool)的概念，便於將費用單位歸屬到BU體系內。

E. 按系統切割，可能造成一個公司有多個系統同時運作的問題。因此把系統規劃成國際化運作，使得複雜的問題簡單化，簡單的問題重複做，是極其重要的。

❖ BU運作要解決的的準市場風險

必須很清楚的理清楚，到底客戶是誰，要什麼?什麼樣的BU組織能提供客戶最佳服務?什麼樣的集團組織，最符合客服及自身需求。

例如：

什麼功能應為中央集權、什麼功能應為地方分權，能提供內部BU及客戶最佳服務，及產生最大綜效。

❖ BU運作要解決的的快執行風險

1.組織的震盪激烈，是績效的致命傷。因此組織必須：

在BU切割完成後，執行動作要迅速，才能使組織與人員

定→靜→安→慮→得

2.IT系統的迅速導入，將有助於快速產生透明且即時的偏差報告，及即時下對策。好的IT系統，是解決Long Cycle Time最好的工具。如果你Cycle Time管理不好，通常不是IT問題，該反省的是你自己的系統規劃有問題，或KPI績效衡量方法不對！

個人在1981到1995年於TI工作期間，TI全球每一作業環節全面導入Cycle Time管理。每年設定的目標是Cycle Time縮減50%。這對一品牌公司而言，是極其重大的挑戰，而TI幾乎所有單位都做到了。三年下來，每一作業環節降低之呆滯庫存積所

釋放金額，及因為縮減每一作業環節之週期，所產生之生產力效益，給TI在以現金為本的經營績效上，帶來重大正現金流效益。

注： 如果一家企業想從每一作業環節降低庫存，除了必須有一套好的IT系統，協助做快速產生透明、即時、連動的偏差報告以利於即時下對策外，還必須將生產型態由Push的方式改為Pull。如果你的公司做不到這點，3呆就源源不斷。

> 問題思考46:

◈ A. 你的公司該怎麼做才能將生產型態由Push的方式改為<u>Pull的方式？你的公司想導入京瓷的阿米巴系統，課上完了，落實就是有問題，想過是什麼問題造成的嗎？</u>

❖ 「臺灣奇蹟」已過氣的簡單公式 vs. 品牌經營

臺灣科技企業已習慣於套用創造出「臺灣奇蹟」的簡單公式，即「找到能夠製造的產品，想辦法搶到訂單，讓它更便宜。然後再找到下個產品如法炮製」，以至於他們無法瞭解，光是價格便宜和具備一長串功能，已無法滿足今日的客戶需求，因為客戶非常瞭解這種「臺灣奇蹟」的簡單公式，他知道怎麼陪臺灣科技企業玩，結果是永遠有辦法找到更便宜的製造企業。相同的模式也被陸企使用中，結果是造成大量的產能過剩。

臺灣的Axxx品牌公司一位匿名經理透露，公司在產品設計或消費者互動方面投注甚少，最強調的還是產品價格和規格。他甚至表示，公司的策略基本上可精簡為：複製對手產品，再添加多一些功能，或讓售價更低。

旗下客戶包括三星、微軟(Microsoft)(MSFT-US)及摩托羅拉

(Motorola)的加州矽谷設計顧問公司elemental8執行長、來自臺灣的 Benjamin Cxxx說，臺灣設計師在公司地位難獲重視，「由於管理高層不懂設計，導致他們讓設計師解釋過多或太簡化，產品也因此失去設計的純粹感」。

換句話說，台品牌廠，若欲成功與一般消費者對話，必須把價格、規格及技術需求擺在後面，而優先考慮形象、設計及欲傳遞的訊息。Stocker直指，臺灣企業還沒明白，他們仍用考慮成本和績效的思維來建立品牌，「而這已經行不通了」！事情也說明了，用製造思維幹品牌經營，基本上是行不通的。

由以上報導與分析可知，如果純代工，還是臺灣企業的強項，但電子組裝業「毛三道四」（毛利3%到4%），大概很快也會棄守，因為臺灣企業的強項，大陸企業也已學會，而且大陸企業也知道怎麼陪臺灣科技企業玩。

❖ 學習如何從細節控管成本？

▶ 看仁寶電腦「臺灣奇蹟」的做法：

摘自： http://www.managertoday.com.tw/?p=710

仁寶電腦總經理陳瑞聰從基層做起，學電機出身，技術是他的專長；曾任採購主管，讓他對材料成本掌握相當精準；他更是行銷高手，集這些優勢於一身，讓他洞察市場先機，他是臺灣電子業最會預測產業趨勢及價格的人。腳踏實地是他的經營哲學，從每一個細節、一點一滴的去做降低成本，是他致勝的關鍵，《經理人月刊》特別專訪陳瑞聰，跟大家分享他30年的管理經驗。

因應微利化：從產品設計、材料成本控制著手

Q：現在全球原物料價格上漲，資訊產品價格卻持續下跌，筆記型電腦（NB）也不例外，仁寶如何因應微利化？

A：仁寶從產品設計、材料成本控制等著手，我認為只要設計時把各種條件考慮好，做出來的材料成本就會低，99％的成本都是可以降低的。

說明：

在以現金流當成生產力的衡量標準下，R&D運營生產力，是成本降低的決定關鍵ODM及代工業，如沒法做出R&D運營生產力，成本降低會極度困難。

Q：在產品設計上，要如何降低成本呢？

A：仁寶比別人強的地方是「前段的設計」。從一開始設計就做好，要做好就要有資料庫，本身設計也要標準化，三、四十個機種同時設計時，不同的設計工程要有一個相同的訓練課程，大家都有一個標準的資料。譬如說，遇到開關設計時，要用什麼設計，就去資料庫找，把要用的模組複製進來，每一個NB都模組化、標準化，這樣可以避免犯錯。

過去3年，我們投資近2億元在前段設計制程中，建置了一個ISPD（integrated system product develop，整合系統產品開發）系統，工程師可以透過ISPD平臺去取出標準模組。這個平臺的模組採用的都是標準零件，零件自然就會共通化，生產成本自然降低，把材料成本目標定好。另外從設計NB開始，就把生產效率考慮進去，一條生產線，一天產出多少，多少分鐘可以產出一台NB，今年設計的機種生產效率要比去年更高，每小時產出率要能提升10％～15％。

所以，在產品設計時，所有事情都要在設計時就做對。仁寶一個月生產100萬台NB，成本目標若沒設定好，一個規範鬆

了，一台NB差1美元，就差100萬美元。

說明：

在產品設計階段，系統拆解成模組，再將驗證過的模組設計轉換成模組設計標準，每一模組(Sub-Assy Module)標準，均有標準零件設計藍圖、BOM及對應的合格供應商，引用這種模組化概念做產品設計，將使產品設計階段之週期及DVT驗證週期，大大縮短。

成本管理：從每個細節一點一滴累積出來

Q：仁寶如何降低材料成本呢？

A：零件共通化（模組化）是降低材料成本最有效的方法，它會讓單一零件採購數量變大，經濟規模會促使採購成本大幅下降；以前零件不共用時，一旦單一機種停產，原本備用的零件立刻變呆料，即使是客戶訂單數量變多，要去調貨也非常困難，現在零件共通化，讓備料變得簡單容易。

另我們積極加強供應商管理，把同一零件的供應商家數減少，以前一個零件可以跟10家供應商買，大家接單數量小，現在仁寶把供應商減少到3－5家，每一家接的量就變大，再把其中一家拉來當策略聯盟的夥伴，輔導協助品質管制，讓生產效率更好，供應商成本下降，自然會把成本下降的好處回饋給仁寶，仁寶的成本自然下降，達到雙贏的目的。

說明：

1. 產品模組化設計，是以量制價降低零元件價格最有效的方法也是很好的防弊制度。

2. 個人猜測仁寶的R&D團隊在內應該是極度強勢的，因為他們決定了公司會不會賺錢。一家公司的R&D團隊，如果強勢又為公，對公司是正面的；但強勢如果不為公，對公司是重傷，會有不少錢外流。因此，興利與除弊永遠交互相戰，DFC永遠必須是R&D團隊的KPI。

Q：仁寶如何利用管理工具，降低製造生產成本呢？

A：2000年仁寶委由國際第一大廠SAP建置ERP系統啟用，我們ERP跟廠商供應鏈執行資訊系統整合，供應商可用密碼進到ERP系統，所以仁寶與供應商之間不用PO（下訂單），客戶下的每一個訂單，電腦會自動把訂單展開成對應每一個零件的需求，供應商隨時可以獲得新資料，知道自己應該要準備多少的零件。仁寶的用戶端系統屬於BTO（接單後生產），客戶可以天天下訂單，我們會每天進去看客戶訂單，客戶可以一次買一台，也可以一次買一批，所以NB的規格螢幕用的可能是15吋LCD（液晶顯示器），CPU用1.5GHZ，硬碟、記憶體、鍵盤等使用的也不同。不論是何種訂單，我們接單後48小時，就可以交貨。

在製造管理過程中，我們要求每一個單位都要達到設定的KPI，前段制程、中段制程、品管制程等都要達到KPI的要求，供應商也有KPI，最重要的是交貨期，供應商事先要把貨送到仁寶生產工廠旁的倉儲中心，可以快速取用貨，供應商則要隨時維持一周的庫存量。

NB很早就用這個生產方式了，供應商送貨到我們的倉儲，我們出貨時也是送到客戶的區域倉儲，大家把供應鏈做好，把存貨成本降到最低，存貨的風險也降到最低。成本降低是每一個細節一點一滴累積出來的。現在都是講求效率，NB規格一直在變，零件及產品價格一直下跌，如果沒

有辦法快速供應，當價格持續下跌，或新舊產品交替，新產品出來，舊產品就沒有價值了。

說明：

CTO的營運模式，是NB金流生產力最重要的關鍵，因為NB之關鍵零元件價格，如CPU、南北橋、記憶體、及IC的價格多數通常是快速下跌的。因此必須做好手上的庫存管制，及零件的前置短週期管控。而R&D之產品設計與開發階段，也必須配合交貨需求把供應鏈做好。供應鏈之要求重點在於，如何在接單後到交貨，得以使得整個供應鏈運行總週期最短，且要貨有貨，不要貨零庫存。

報價原則：所有價格都要用未來價思考

Q：NB代工產業很特殊，客戶都是國際大廠，報價上有什麼特別嗎？

A：我們都是先跟客戶簽約，再去設計產品，現在談論的價格都是forward price（未來價），也就是明年下半年要量產或後年要量產時的價格，這個價格是客戶瞭解仁寶是否具競爭力的依據。要達到未來報價的目標，所有價格都要用未來價思考，設計時會考慮如何應用新技術節省成本、節省零件、或者說可以讓品質更穩定。現在NB客戶都是以總體成本做考慮，不再是只看一台NB的FOB報價是500美元，而是看NB廠商可以在多快的時間內交貨給他，接到訂單後能否快速交貨，交貨時間長短對客戶是一種成本。

管理指標：用KPI評量組織的效率

Q：對仁寶影響最大的管理工具是什麼？

A：我覺得一個是KPI，2000年引進，各部門及個人的KPI都定的很細。從NB設計就有KPI，標準設計要多久是KPI；導入設計階段縮短也是一項KPI；降低成本多少也是KPI。我們用KPI去評量每一個組織的效率，再推到每一個員工效率上。過去4、5年來，KPI是很好的管理指標。

另一個是2001年引進六標準差，它讓大家對於流程有一個共同的語言，六標準差是用分析手法去做品質改善，達到降低成本的目的，讓員工碰到問題時，知道如何正確地分析流程，每一個做出來的流程都是一樣的，這就是標準化，任何事情、任何公司做到最後，每一個人都可用共通的語言在做同一件事，相同的法則跟公式，就會非常有效率，不會有誤差，六標準差就是要降低誤差。可以這麼說，KPI是定標準，六標準差是大家把這個標準的分析手法落實化的工具。

Q：全部的KPI訂出來後，每一個人的權責都非常清楚。

A：每一個人、每一個部門都要訂出對個人或部門影響最重大的5個KPI，管理部門就隨時去追蹤管理這5個KPI。執行完一個KPI後，同仁會再找新的TOP5 KPI，隨時都在找可以降低成本的方法。

問題思考 47:

◇ 1. 為什麼每一個部門都要訂出對個人或部門影響最重大的5個KPI?而不是50個或100個?5個是多或少？

◇ 2. 如果KPI訂多了，代表什麼？

◇ 3. 個人曾經看過一家大公司的事業群，年度KPI訂了100多

個，這麼做對不對？做了後會出現什麼問題？

複製經驗：先建立共同價值觀

Q：仁寶NB生產數量這麼大，如何精準生產出來？

A：我們的資訊化做得非常徹底，我們的電腦管理系統早就可以進行生產線上即時生產管理，要投線生產時，生產線上的電腦就知道要生產什麼，並把即將生產的電腦規格顯示在螢幕上，生產線完全是電腦化，生產出來時，電腦會刷barcode（條碼），註明訂單也生產完成。我們一直透過持續改善效率跟準確率，進行壓縮生產時間。

說明：

一家公司製造量產能力，取決於R&D設計與開發之規劃與執行力。NPI的試產，基本已把制程定義化了。量產時製造單位的責任是100%依NPI制程定義作業。量產良率與品質好不好，取決於製造單位如何做好執行的紀律。

問題思考48:

◈ 「品質是製造出來的」，這句話錯在那？

問題思考49:

◈ 坊間很多公司把6標準差品質培訓用在NPI以後，並期望透過6標準差品質培訓改善品質，這種做法對嗎？

Q：如何把仁寶成功的經驗，複製到華寶呢？

A：華寶的前身是華山通訊，這個團隊的開發、研發技術團隊很強，我們就把仁寶最擅長的製造體系、管理體系、供應鏈體系複製到華寶。手機還是量化標準產品，生產管理比強調客制化的NB容易，華寶用電腦系統沒有像仁寶的供應鏈這麼複雜，他們用的資訊電腦的系統是之前仁寶使用的，線上生產管理是一樣的。

Q：KPI及六標準差都已經複製到華寶去了？

A：KPI已經做了，六標準差現在正在推，六標準差要獲得內部管理系統支援，及大家要有共識才能做。以仁寶推動六標準差的經驗，前一年先進行員工訓練，建立共同價值觀，待六標準差正式實施後，設計、製造品質都往上提升，財務、會計也一樣，以會計而言，結帳時間縮短了，結帳準確度提高了。

說明：

任何事情、任何公司做到最後，每一個人都可用共通的語言在做同一件事，相同的法則跟公式，就會非常有效率，不會有誤差，這叫做有共識。共識是公司內部透過員工（要高管積極參與）集體培訓養成的。

當個人在TI工作時，TI要落實共識，所有的人，含生產線作業員，都需經過訓練，只是層級不同，培訓內容不同。個人認為TI從上到下的共識及執行力，是業界少見的好，TI的TQC、方針展開、週期控制、生產力及規格遵守的執行力做法，是業界的標竿。能做到這點是企業定位清楚，目標簡單明確，工作聚焦，因此員工有極高的生產力，並且得以培訓大量的優質人才，值得學習。

問題思考50：

◈ 從TI與仁寶的經驗去看，期望達成共識文化，最有效的做法是什麼？

技術落實：設計影響80%的有品質經營績效！

Q：由你擔任董事長的華寶通訊，進入手機產業雖不是最早，但現在卻是出貨量最大的廠商，為什麼？

A：我一直認為，產業一開始馬步要蹲好，基本功要做好，機會到自然就會上來。什麼是基本功？就是技術落實，生產、品質、績效都要做得好，客戶自然就會穩得下來。你看我們現在生產手機的量那麼大，主要是替摩托羅拉（Motorola）代工生產，為什麼我們可以獲得Motorola委外生產訂單近九成，原因是華寶生產的手機品質好，比Motorola內部生產的還要好，對華寶自然有信心，訂單也陸續交給華寶去做，帶動華寶快速成長。

Q：華寶生產品質那麼好是怎麼做到的呢？

A：就是設計。我認為任何資訊或通訊公司要做好品質，癥結點就是設計，設計的對，後面管制好，設計對品質好壞的影響大概占80%，剩下的20%就是執行，在生產線或產品出貨到客戶時發現異常狀況，要馬上回饋，趕快去處理異常狀況。設計對，持續去改善，看到有異常，很快去處理。但是如果設計不好，異常很多，你就不曉得怎麼去滅火了。

說明：

　「績效靠有品質的經營，有品質的經營靠工程技術，工程技術靠有品質的人才，有品質的人才靠有系統的培訓」是企業穩健經營的關鍵！

問題思考51:

◇ 1. 從「技術落實：設計影響80%的有品質的經營績效」！這句話回頭去看仁寶推六標準差，你認為仁寶六標準差之重點，會放在產品設計或製造端？

◇ 2. 如果你推六標準差的品質改善，把重點放在製造，對嗎？坊間諮詢公司把品質改善放在製造端，錯在那？

◇ 3. 坊間諮詢公司推六標準差的品質改善，是在改善直通良率呢？還是在改善品質?坊間諮詢公司做法對嗎？

◇ 4. 坊間諮詢公司推六標準差，得上一大堆1940年以前已有的統計課程，你認為解決80%以上的良率問題是靠統計課程解決，還是靠工程能力解決？你有犯相同的錯誤嗎？

◇ 5. 為什麼1990年以前談品質改善偏向於使用統計手法？為什麼1990年以後談品質改善強調推動六西格瑪標準差品質？

Q：人是公司最重要的資源，聽說仁寶對新進員工採用英特爾（Intel）的「Mentor」（指導老師）制，實施的情形如何？

A：這是我們痛苦中學來的，早先公司有新人進來，就送去組織裡訓練，新人在陌生的環境裡，覺得很uncomfortable（不舒服），碰到一些狀況後就離職，新人流失很快，後來人事單位就利用新人離職前的訪談機會，瞭解離職原因，發現新人對系統陌生又沒人帶領是主因。為了解決這個問題，我們就漸漸建立起Mentor制度，每個新人進來就會有一個Mentor，新人有人照顧，很快就能融入到大家庭，減少離職的問題。為了讓Mentor制度做的更好，我們還建立

Mentor獎勵制度，透過訪談新人，找出哪些Mentor做得最好，表現好的就給他們鼓勵，大家自然就做得更好。其實，我們還有一個新人的E-Learning訓練系統，新人透過內部網路就可以在那裡看到我們的作業流程、作業系統等，員工可以迴圈性使用，非常便利。

說明：

建立起Mentor制度之先決條件是必須要先建立起「設計Know How知識庫」，如果沒有教材，即沒有「設計Know How知識庫供」，供新人進來學習，加以Mentor本身的工作必須要完成，Mentor是不會有時間帶新人學習的，此將注定Mentor制會失敗

Q：所以說，仁寶很早就有KM（知識管理）系統了。

A：對。2002年我們就成立了KM部門，吸收外部管理資訊、知識，把公司內部的管理系統建立起來，做為內部管理及教育訓練之用。

關於BU生產力提升與降低成本的做法：

BU生產力提升與降低成本的做法，重點要放在，投資在長期P&AE最大化之處，及Cost Down 規劃上之主動佈局，以及步局推動。

佈局推動方向──維持性Cost Down

1. 讓客戶保持愉快（增加營收）。

2. 以創意方式區隔市場。

3. 產品線重新聚焦。

4. 運用作業基礎成本制瞭解成本如何變動。

5. 運用作業基礎成本制，配置需要的員工。

6. 企業再造。

7. 產品設計與開發階段實行六個標準差,把制程第一次良品率做到最大。

8. 製造作業委外,協助契約廠商做得更好,降低成本。

9. 懂得讓契約商(Contract Manufacturing)就範。

10. 委外決策同時考慮數量與單位成本。

步局推動方向——效率型Cost Down

1. 運用解決問題會議(戰情室概念)。

2. 重新設計有作業價值的生產流程。

3. 運用作業基礎成本制消除不具生產力或多餘的作業。

4. 運用目標成本法——Design For Cost　即先確定顧客願意支付的價格,然後再回頭計算如果公司要賺取足夠的利潤,可忍受的最大成本是多少,去做到該目標。

5. 系統化檢視找出多餘與浪費。

6. 運用作業稽核,找出多餘與浪費。

7. 運用替代指標偵測成本習性,預見問題、發現問題、及早解決問題。

8. 專注於成本因數,定出成本改善計畫與落地。

9. 別忽略沉沒成本,不對就改,錯了就改。

❖ TI維持性生產力提升的做法—TQC與方針展開運營

基本上TI每一間接人員每年都會產生一張類似以下圖10-1之方針展開的格式內容。該內容很明確的指出,當年該員的主要任務及工作目標,當然每個人的目標不是隨意訂出來的,而

是依總公司的目標往下展開而得到，並且要得到上級主管批準，如此一層層的核準，以確保個人目標與總公司的目標沒有偏差。

高階目標		本單位目標		責任者	確認者	改正日期	確認者
事業處目標		營業額		Jim	Tony		
編號	Q1	編號	Q1-1	日期：	日期：		

方針說明：11年之營業額為10年營業額之1.25倍
要項說明：10年之得意之處
　　　　　10年之失意之處　　　　　　　　　　　} 　→ 11年贏的策略
瞭解實況：SWOT分析

測定指標（KPI）	年度	實際計劃				目標			主要戰術	責任者
		1Q	2Q	3Q	4Q	11	12	13		
新開發客戶數	# 11	a/A	b/B	c/C	d/D	D	E	F	Q1-1-1開發新客戶	Jim
降低標準工時	秒 11	/90	/80	/60	/60	60	60	60	Q1-1-2增加產能	Louis
新產品上市數	#	/2	/6	/9	/9	/9	/20	/20	Q1-1-3開發新產品	Mike

圖 9-1 方針展開的格式內容

TI的方針展開行之多年，且幾乎每年都能達標，除歸功於經營層的高瞻遠矚之外，TQC及方針展開運營功不可沒。TI的做法總結：

1. 生產力目標每年提升30%(Cost Less Chip)。

2. 以方針展開做目標瞄準聚焦，方針展開的作法，長年不變，僅內容隨經營環境及目標做調整。

3. 每個月及季，做達成績效檢討。

4. 升遷與調薪，與達成績效掛勾。

方針展開介紹：

　　方針展開是TQC運營的最主要工具，其展開步驟如圖9-2
所示。

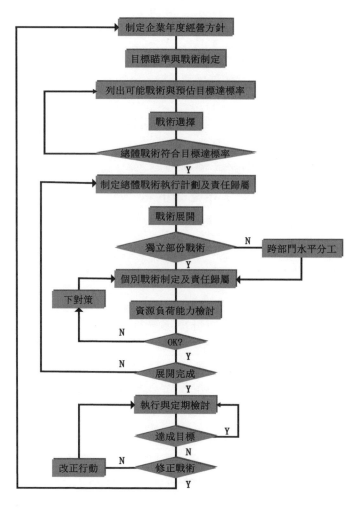

圖 9-2 方針展開的步驟

▶ 方針展開包括以下內容：

1. 目標瞄準。
2. 戰術可行性評估。
3. 人力資源及資產與效益檢討。
4. 風險檢討。
5. 資產投資檢討。
6. 人員能力提升檢討與規劃。
7. 戰術定稿。
8. 工作負荷檢討。
9. 跨部門分工。
10. 用預算規劃及分攤準則制定。

▶ 方針展開的做法示意如下：

Foxconn降低成本的做法：

Foxconn由於是以代工為主業，因此其降低成本之做法，最重要的一條是：一切唯營收是問！即必須是有規模經濟的生產模式。

正常情況下，競爭導向拼價搶單是Foxconn的代工主軸，因此產品量產後降低成本成為BU最主要任務。其降低成本的做法，主要在於UPPH之提升，及良率之持續改善，做法上與仁寶之做法差異不大。但產品量產前用R&D之能力去降低成本，絕對有改善空間。

Foxconn在各BU之經管單位，即成本管控單位，是代工作業BU的主要Cost Down主導單位，對費用支出監控握有大權。但往往因為本身水準問題，及對Operation瞭解不深入，通常只能做Cost Down運作之卡關簽字工作。對於怎麼做Cost Down的大格局規劃，基本上能力欠缺，因此不具能力去主導一個BU怎麼去

做有生產力的Cost Down規劃，完全是一配角角色。

例如，經管單位並不清楚R&D的運營，對經營損益及Cost Down的影響極度重大！〔詳請參考本章仁寶陳瑞聰的專訪〕

個人在Foxconn工作期間，沒見過經管單位會主動參加過新產品設計開發戰情會。試想，如果一家靠賺製造錢的公司，其成本管控單位的經理人，對成本管控最重要源頭的新產品設計與新制程設計的內容都不願主動去瞭解，而且又不瞭解新產品開發的內容，對BU生產力的重大影響因素有哪些，如何能瞭解什麼才是制程設計的標準，及什麼才是合理的DFC？又如何能定義出，什麼是正確的生產力模式？及標準成本之標準線在哪？

如果這些都是問號，那標準成本的數字就一定有問題。如果標準成本的數字有問題，又怎麼有能力評定BU經營績效的好壞？結果很可能就是在管理上KPI都是訂假的。

個人認為Foxconn經管單位的主要經營任務，如果從BU經營P&AE最大化的思維去看，大部份都被CEO及中央財務單位做了，這也許是造成群/處BU經管單位積弱到連算標準成本的能力有時都會被懷疑。如果Foxconn BU的經管單位在此部份能做的更好，相信郭董的內部Surprise及不定時打3呆會少很多。

問題思考52：

◈ 1. 怎麼知道標準成本是精準的？

◈ 2. 怎麼知道標準成本系統有在運行？

◈ 3. 你有把標準成本的各項內容拆解，指定給相關組織部門去負責改善嗎？

◈ 4. 你有把當週訂單量，按標準成本，做出當周績效的P&L檢討嗎？

◈ 5. 你有能力按下週訂單量，及按標準成本內容範本，做下週P&L預測，及即早採取對策嗎？

◈ 6. 你建立在SCM系統的生產力模式準確嗎？如果不用Excel試算表，SCM系統是否仍然可運行？

◈ 7. 你如要算出實際生產成本，哪些內容得佈建？

◈ 8. 你有能力建立你單位的管理報告運作系統嗎？

交流訊息：

kcliu@letussmart.com

kcliu@Doubleright.com

第 十 章

系統設計規劃

❖ 看美國政府的系統運行

中央社華盛頓10日綜合外電報導：恐攻陰霾未除，歐巴馬豪奢度假。

美國總統歐巴馬才剛大談恐怖威脅和改革美國監控計畫，今天就帶著家人前往麻州高檔度假島嶼瑪莎葡萄園島展開8日遊，而總統職責和無可避免的批評聲浪成為他的必備行囊。曾撰寫美國總統度假歷史的華爾希（KennethWalsh）則說，這樣的抨擊聲浪不是新鮮事。部分人士說，美國經濟和聯邦政府預算充滿不確定性，美國大使館和領事館又面臨恐怖攻擊威脅，歐巴馬應該乖乖坐鎮華府。

問題思考53：

◈ 如果你的企業有內憂交不了貨，又有客訴，你會取消既定休假行程而回公司工作嗎？

❖ 有策略指導的制度設計，高於一切

說明例：

在第二章的〈Foxconn與Texas Instruments為何這麼經得起考驗？〉中提到二戰的降落傘整包例子，這裡不再累述。在這裡再提，主要是這個例子很具備代表性，並且也曾被我用於工程人員的績效評估上，且非常成功。

這個例子說明了以下重點：

1. 一個好的制度，可以使人的壞念頭受到抑制。
2. 一個壞的制度，會讓你的完美期望四處碰壁。
3. 一個好的制度，必須建立起，將結果和個人責任和利益

聯結到一起，這一點如能做好，就能解決很多系統的運行問題。

4. 公司治理的執行力不好，其實是說明了現行公司治理的制度，還有很多的改善空間，尤其是在，如何把人治色彩再變成系統治上。

❖ 曾國藩看中國式領導力

曾國藩說：人的無為，必須建立在「制度有為」的基礎之上。而有效的制度設計，又必須建立在對人「自利」本性的把握上。並且用高尚的人格感化人。

曾國藩認為，除了共同的信仰，優秀的管理者還需要能夠制定出有效的制度，把下屬的自利行為引導到對組織有利的方向上去。就像曾國藩治理湘軍一樣，在確立湘軍的制度後，他不用自己揮著戰刀在後面逼下屬衝鋒陷陣，下屬自然就知道往前衝。

在中國，華為的制度設計是「高效率、高壓力、高工資」。

Foxconn公司的制度設計是「高效率、高壓力、高工資」，強調Work Hard & Work Smart。但由於BU高管沒有客戶權及產品權，在講求依規模經營定績效及賺L5零組件錢的組織設計之下，其實是P&AE高下已定，能做的只剩Cost Down的績效了。因此蘋果BU L5的員工績效會遠超過非蘋果BU的員工績效。

問題思考54：

❖ 在Foxconn，是否真的是蘋果BU因營收最大，員工的能力會遠超過非蘋果BU的員工能力與績效？為什麼？你如果是大老闆，你會怎麼改？

TI的制度設計是「高效率、中等壓力、中上工資」。高效率、中等壓力取決於優越的制度系統規劃及不要求員工工作負荷超載，員工不必做沒價值但可由系統去執行的工作。這也是TI永遠在為自己培育人才及永不缺人才之主因。

❖ 企業的經營管理標語

個人參觀過很多公司，也看到公司內掛了很多標語。這些標語，一部份是跟正在推的活動有關的標語，一部份是公司的精神標語。我的總結是公司掛的精神標語，就是公司領導者及高管的素質反應。因為這些精神標語是領導者每天看得到，也認同的工作精神或態度。如果不認同，那為何還掛著呢？

如果你看到一家公司掛的標語是「品質是製造出來的」，這表示全公司都認同這理念。所以，如果品質做不好，責任就應全由製造現場承擔。但事實上真相應不該是這麼回事。**在TI，製造現場主要負責規格遵守。如果製造現場規格遵守良好，但直通良率不好，責任在工程，不在製造。** 所以掛出「品質是製造出來的」標語是錯的。如果你的公司掛出這樣的標語，貴公司的生產力一定不佳，因為從上到下思想全不對！

經營觀念不對的公司，是不可能建立起「制度設計，高於一切」的好系統！如果把標語「品質是製造出來的」改成「品質是有計劃的製造出來的」，貴公司絕非一般公司。對仁寶公司陳瑞聰的訪談，已充份的該明瞭這個標語是錯的！

❖ 系統也是合約的一部份

說明例：富士康500萬iPhone遭退貨事件（內容摘自網路）
http://www.baidu.com/s?wd=%E5%AF%8C%E5%A3%AB%E5%BA

%B7500%E8%90%ACiPhone%E9%81%AD%E9%80%80%E8%B2
%A8&rsv_bp=0&ch=&tn=baidu&bar=&rsv_spt=3&ie=utf-8&rsv_
n=2&rsv_sug3=1&rsv_sug4=56&inputT=1541

品質管制系統的邏輯解析：

► 問題1敘述：

近日有消息稱，富士康500萬iPhone遭退貨，其原因是外觀不符合標準或者是出現功能不良的問題。富士康500萬iPhone遭退貨事件已經震動富士康高層，為了提升「良率」，郭台銘於4月16日12時來到深圳觀瀾鴻觀科技園CO3樓3層視察。他提出了「提升良率、專業培訓、凝聚士氣」的12字主張，並表示自己在觀瀾設立了辦公室，良率達不到要求他就不走。

網路內容分析：

郭董提出了「提升良率、專業培訓、凝聚士氣」的12字主張與品質不良的關係為：

1.提升良率VS.直通率：

制程良率與NPI直通率為100%正相關，並且制程直通率由NPI做製造驗證所定出。如果iphone直通率要由郭董在觀瀾設立了辦公室親自督導才做得到，那就太小看富士康的製造管理能力了。但這也可能是事實，因為客戶如有抱怨，依郭董的經營理念，他通常會帶大隊人馬親上第一線現場，去瞭解問題及解決問題。

iphone外觀不符合標準或者是出現功能不良的問題，個人相信基本上與人的作業關係不大，因為富士康是很重視產品品質與制程防呆的公司。並且Apple公司如果在NPI時看到外觀不符合標準，或者是出現功能不良的問題，相信Apple公司也不會同意富士康可以量產，除非有

201

其他的異常制程處理之成交條件存在。

2.專業培訓：

郭董對產品開發系統是相當了解的，這是他提出「專業」培訓的原因。所謂的專業，就是製造的一切運作，必須要依新產品的設計開發系統的要求去做。很顯然的，過去或許在高速訂單成長及Time To Market的壓力下，此段很可能沒落實，因此他提出要進行所謂的專業培訓概念。此也可看出NPI的直通率要高，100%的關鍵在新產品的設計與開發驗證系統之執行是否落實。

這則網路上的報導，個人猜想，由於Apple公司主導iphone ID設計、產品設計、聯合產品開發、聯合開發驗證，加上保密要求，富士康無法知道Apple公司產品的實際DVT/PVT的開發驗證直通率、設計Bugs、失效分析等資料，加上產品上市Time To Market的壓力，以及NPI Pass Gate的直通率設置標準等之是否合理，才是造成外觀不符合標準，或者是出現功能不良的主因。這不僅僅是直通率問題，更是客戶與代工商間的產品承認與成交條件問題。此也說明對於使用了JDM商業模式的客戶，本身必須有一套可供合作夥伴使用的系統，否則極易產生失誤。

問題思考55:

◇ 對於大量外觀不符合標準，或者是出現功能不良的問題，郭董12字箴言，為何不談品質改善，就留待各位自行思考了。

► **問題2敘述：**

作為iDPBG原副總經理，鐘XX對於事業群上述重大問題同樣難脫干係。正是在與蘋果公司就500萬—800萬部手機的後續處理問題上，鐘XX與蘋果方面負責人發生了衝突。

依網路內容分析：

1. 鐘XX出身Texas Instruments，歷經多次軍規MIL-STD-883C之稽核，對規格遵守有深刻體會，也瞭解規格遵守對直通率之重要性，因此個人認為鐘XX與蘋果方面負責人發生了衝突之因，應在品質系統標準之界定上。而此正是產品設計、產品開發、及設計驗證之重點。個人猜測當NPI承認時，用制程能力Cpk等於多少的樣品，與客戶去簽PVT及NPI的允收樣品(Golden Units)，恐怕才是問題的事後爭議關鍵。如果產品承認時，Cpk已按6-Sigma的標準去簽樣，根本就不會有品質問題。但如實際沒有高的制程Cpk，卻挑極好的樣品去簽樣，那問題就大了。

2. 做品質工作的，永遠不可以自行降低DVT/PVT/NPI的設計驗證或DFM Pass Gate標準，除非客戶或產品市場負責人同意。如果你放鬆了設計驗證或DFM Pass Gate標準，就表示量產時，製造就得扛起你降低允收標準所產生之產品不良率及品質責任。如此，則低直通率將成為交貨與報廢之最大困擾來源。

3. 直通率由DVT/PVT的設計驗證Pass Gate標準決定，不是製造決定的。製造對直通率的影響只在規格遵守！

► **問題敘述3：**

那麼，究竟是什麼原因導致了以垂直整合、快速海量出貨而聞名的富士康，時隔兩年再次出現因產品的出貨良率達不到

蘋果公司的標準而「重工」?

在上述知情者看來,富泰華發展過快、管理跟不上是關鍵。在蘋果產品的熱銷面前,富泰華也開始了「大躍進」。

2010年前後,負責代工生產iPad平板電腦的iDSBG(創新數位系統事業群)從iDPBG分離出去。彼時,iPhone、iPad等蘋果產品正受到全球消費者的熱捧。作為代工最核心的生產線,iDSBG、iDPBG都大力擴產線、招人手。

「那時候升職很容易,但問題是對這些從生產線成長起來的幹部而言,生產線快速擴張帶來的管理水準是對這些『小年輕們』的大考驗。」上述知情者透露。

網路內容分析:

公司由無到有,成長的過程絕對是亂的,因為這時候公司都是在摸索前進中度過,公司通常都處於,「朝有錯,夕改又何妨」階段。公司由有到強,則必須具備三大主要系統,即R&D系統、品管系統與供應鏈系統的平穩運營,才能穩健發展。企業管理者如果無法體驗到再靠自己的「朝有錯,夕改又何妨」的方式行事,勢必無法更專注去做那些更重要的前端經營任務,此將使得企業被曝於高度的未知經營風險中。個人的體會,這種經營瓶頸會在年營收3-5億人民幣的公司開始發生。

一家公司,如果無法使得這三大主要系統具有快速被複製的能力,去滿足新BU的營運需求,則公司由有到強,是根本達不到的。這三大主要系統可以被快速複製的關鍵在於:過去你對系統執行力改善,投入多少功夫所決定。這一塊,絕非朝得道,夕可行!沒法把這三大主要系統運行穩當,想接夢幻客戶的訂單,或想長治久安平順經營,

基本上是不可能的！通常見到的是，訂單接的越多，反而死的更快。原因在於系統運作與組織規劃與人才培育跟不上運營。

❖ 企業該怎麼建構系統？

系統之結果組成為

系統＝流程 ＋表單。（這是鴻海FOXCONN對系統的定義）

其中表單的內容，要依流程之執行內容去設計。一份夠水準的表單，應該可以看出系統主流程的架構。

► 系統建構之要件：

系統建構之3要件為：系統欲達成目標、使用者自身定位、與系統原則指導原則。

► 策略指導原則定義

此也可看出，流程之起點為使用者自身定位，流程之終點為系統欲達成目標，流程之路徑思考依據為系統原則指導原則。

說明例： 企業國際化跨域化運營系統的建構思維，見第八章《全球化運營管理系統》圖8-7。

❖ 新產品設計開發系統建構要素思考

► 新產品設計開發系統目標：X天內完成一新產品設計開發案

► 新產品設計開發系統自身定位：

此與制造型態有關，通常分為以下製造型態類別。

A. 零/元件流程式產品設計開發模式

例：許多零件生產為此模式。許多原材料生產為此模式。

B. 機構件產品設計開發 ＋ 零件組裝作業模式。

例：早期PC Bare Bone之生產模式。

C. PCBA產品設計開發 ＋ SMT組裝作業模式

例：PC M/B之開發 ＋ 組裝作業模式。

D. 以機構件產品設計開發為主，引領PCBA產品開發，加組裝作業模式。

例：把主要PCBA裝入機構件之出貨模式。

E. 以PCBA產品設計開發為主，引領機構件產品設計開發，加組裝作業模式。

例：把主要PCBA裝入機構件之出貨模式。但供應鏈以PCBA為定位點／件。

F. 以系統產品設計開發為主，引領機構件產品設計開發、PCBA產品設計開發、光學模組產品設計開發、軟體設計開發併行，加組裝作業模式。

例：新手機或平板的ODM產品設計開發作業。

G. 以ID設計為定位，引領F項之系統產品設計開發作業模式。

例：此為Apple之新產品設計開發系統模式。

此也說明了R&D系統必須要自己建立，或請做過R&D系統建立的諮詢顧問協助建立。因為每家公司的R&D自身定位都不盡相同，產品差異也極大，沒有做過R&D系統建立經驗的人，根本不可能把R&D系統建落地。

新產品設計開發系統策略指導原則：快、穩、準

為什麼快擺第一？因為R&D之運作是聚焦的執行工作，且

一定有執行的時間壓力,絕不能因為開發而影響到新產品上市佈局!

產品設計開發系統流程大架構,見圖10-1:

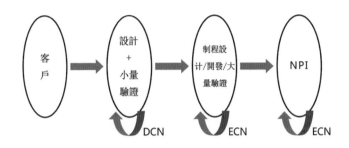

圖 10-1 產品設計開發系統流程

新產品設計開發系統專案之流程分工原則

活動內容	負責人
1. 設計團隊與小量驗證	專案領導 (Design, EVT, DVT)
2. 產品大量驗證工程共用資源	專案經理
3. 設計段新專案管控	PMT專案經理
4. 產品設計階段工程/品質/SCM/工作向後展開	PMT專案經理
5. 制程設計段面板/機構件/電子件/組裝段/測試段 工程/品質/SCM/工作向後展開	PDT專案經理
6. NPI APPROVAL	NPI專案經理

圖10-2

PM是個很通稱的名字，中文翻譯成專案經理，事實上隨功能不同，PM也不同。例如PMT、PDT、NPI，交管功能都有PM，但每種PM的任務是完全不同的。

❖ 產品設計開發系統檔產生原則

產品設計開發系統檔產生，期望的是經驗與智慧的累積。因此，檔產生原則是檔必須有保留價值。以下為產品設計開發系統檔產生之價值思考。

1. 要有後續可再利用的附加價值。
2. 要有向前追溯問題的利用價值。
3. 要有累積智慧結晶的價值。
4. 為Design Review Gate所必須。

❖ 產品設計開發系統組織運作邏輯

R&D之組織大致分為3大塊功能，即產品設計、制程設計、與驗證功能。由於R&D之組織必須特別重視運作效率及成本管控，故通常將驗證功能當成產品設計與制程設計的服務單位，統稱為工程服務池(Engineering Common Pool)。

產品設計，一般由設計小團隊組成。團隊成員通常包含EE設計、ME設計、F/W設計、ID設計、DEBUG、PMT PM及打樣服務人員。實際之參與者會隨R&D自身定位的不同而調整。

你的公司能同時接幾個案子。決定於你有幾個這樣的小團隊。制程設計的小團隊組成，其做法基本上也與產品設計小團隊組成類似。

由此可知，大體上公司之營運模式與核心競爭力不同，R&D的組織規劃也會不同。一家公司若要建立起屬於自己的

R&D系統,必須量身訂制!產品設計開發系統組織運作,見圖
10-3。

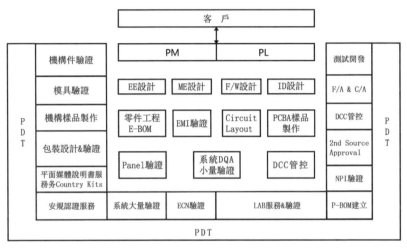

圖 10-3 產品設計開發系統組織運作

❖ 新產品設計開發系統建構思考總結:

1. R&D系統建立,必須量身定制,並且與經營的營運模式分不開,而且需依據營運模式需求去建。

2. R&D系統建立,必須越全越好。因為除了自己用以外,你也會要求外包商依你的系統去執行。如果你沒有能力告訴你供應鏈上的廠商怎麼做才符合你的作業標準,你怎麼能確保他的交貨品質均一性?

3. 如果你有新產品設計與開發系統建構需求,必須找曾經有過整體新產品設計與開發系統建構實務經驗的顧問協助建立。但有這種建構經驗的人著實不多。因為有整體很完備新產

品設計與開發系統的公司,在海峽兩岸也不是很多。若你想用紙上談兵很便宜的顧問幫你去建立新產品設計與開發系統,帶來的將是未來實戰上的困擾!因為新產品設計與開發是有極大的時間壓力的,該做的一定要執行,不該做的一律拿掉,沒時間可以浪費,而這全是實務。

❖ 怎麼找到夠格的R&D系統建構顧問?

你的唯一判斷準則是:No Experiences,No Judgment!不能偷懶想投機省錢省事!

只能找有建構過R&D系統實務經驗的人幹(Only Experiences can Judge),這是唯一準則。

R&D系統,中文就四個字,但R&D系統內容,可比製造系統多的多,且更複雜。因為R&D系統間之運作是,上下連動、左右逢源,牽一髮而動全軍。你如果找沒在新產品設計與開發系統實務環境中待過、且沒有經驗的紙上談兵的人去協助建立,基本上注定失敗,最終損失最大的一定是企業本身。你未來會賠掉的不止是設計開發團隊的人事資產的費用,還有訂單及客戶!

❖ 大供應鏈之建構要素思考

大供應鏈建構總目標:1.最小化以下計算式之週期(Cycle Time)。

$$\frac{產生最大現金(賣出合格品)收益回報}{以最低積壓資金買料\$ + 資源投入\$}$$

2.客戶預付款買貨，多少天，即週期(Cycle Time)，可以把貨交到客戶手上。

大供應鏈次級目標及衡量指標：貨(含貨幣)暢其流的程度

1. 單一作業區，最短駐留週期(Cycle Time)持續改善。

2. 在單位時間內，大供應鏈積壓之資金最小化程度，及積壓之資金最高周轉率持續改善。

❖ 大供應鏈之策略指導原則

➤➤方向：市場預測＝市場需求＝市場供給

➤➤時機：客戶有需求時；市場有變化時

IT程度：

1. 透明、及時、連動

2. 所有供應鏈體系裡的人，隨時都能同步處理資訊。

大供應鏈系統運作流程架構，見圖10-4。

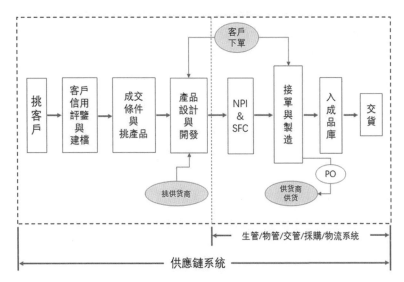

圖 10-4 大供應鏈系統運作流程架構

由大供應鏈系統運作流程，所對應的大供應鏈系統組織，如圖10-5。

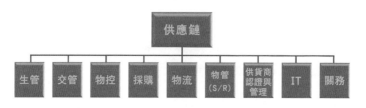

圖 10-5 大供應鏈系統組織

❖ 怎麼優化大供應鏈架構與其他系統間之連結問題思維：

優化指導方針： R&D問題是一切大供應鏈運行不順的最根本亂源！

沒有好的產品設計開發系統，不會有好的供應鏈系統！因為低及無法預估的直通率，衍生的是大供應鏈運作的最大混亂。

說明：

瞭解以下與大供應鏈運營相關的工程問題，及提出正確的解決對策，你的大供應鏈運營才會順暢！

❖ 大供應鏈採購機能之工程問題點：

1. R&D料號編碼&審核

如果此段沒做好，一物多料號與一料號多物也不奇怪，公司的呆滯庫存多源於此。尤其是多廠區作業的公司，必須配合

國際化的運營思維把這件事做好,否則帳上的賺錢數字,換來的只是呆滯的庫存!

2. 管制風險採購避免呆滯庫存,或買不到料無法交貨或買貴料,固然與大供應鏈採購有關,但此與設計與開發也脫不了關係,因為原物料與供應商是設計與開發決定的。

3. 供應商工程能力(準度/精度/速度)評估做法不正確,會影響到進料品質的均質性。

A.目前企業對供應商之AVL運作偏向於文檔及系統承認,而非包含真正的工程開發能力承認,此為供應鏈上廠商交貨不順暢及成本難以下降的根本主因。

B.企業在新產品導入階段,往往對其供應鏈上的供應商在執行NPI導入前所應執行的制程DFM/DFQ認證要求不足或省略,以致於量產段制程生產力模式可靠度不足,造成實際良率、P-BOM、產能與成本不明,有害於供應鏈管理。

C.企業的工程單位專注於公司內部新產品的工程開發,無暇兼顧評估供應商之DFM/DFQ落實能力,製造端SQE對供應商制程開發的工程評估,僅偏於「名詞」的品保系統檔面,而非對供應商之工程能力與量產認證能力(能力/產能)評估,使得產品在量產後,供應商交貨的產品品質不均質與交貨期不順。

D.沒有完善的量產制程防呆均質系統標準,就沒有產品的出貨均質標準。即使SQE有供應商稽核,但因之前未對供應商依產品開發系統去做制程承認,造成SQE對供應商稽核標準不統一,稽核結果自然也是問號!企業是花了錢想做好,但供應商品質管制結果不佳的原因還是沒找到。最終的結果是,量產後缺乏均質驗證標準,有害於均一品質,與成本降低。

4. 供應鏈上供應商之產品/BOM/MSDS/制程能力/品質工程之管控，會影響均一品質，必須列入承認管控。

5. 供應鏈上供應商之產品NPI及生產力模式及產能利用率確認，必須列入承認管控。

6. 主要變更ECN，必須列入承認管控。

7. 執行沒有品質標準依據的亂殺價，必須列入承認管控，避免劣幣逐良幣。

❖ 大供應鏈 vs. QE工程問題點

績效靠有品質的經營，有品質的經營靠品質工程！有品質才有順暢的供應鏈。

1. 做好品質風險管控，必須落實設計工程評估與驗證，及落實開發工程評估與驗證。

2. 必須做對選擇品質管控點，及做對管控方法。

3. 必須重視「動詞」的工程防呆，避偏品質的「名詞管理」。

4. 必須重視供應商品質管控工程能力評估，確保有「動詞品保系統」與規格執行力。

5. 避免發生供應商之品質績效與訂單分配量脫鉤。

6. 必須確保主要變更ECN管控系統之資訊，與供應商同步。

❖ 大供應鏈SCM--系統問題點

A.不要削足以適履！要建立起最符合你自己用的大供應鏈系統。

B.不要深信貴的SCM軟體系統，可以完全適合自己使用。沒有依據自己的及客戶所需的營運模式去產生適合自己SCM管理

所需之系統，會給你帶來災難。

C.要先確保自已的手動作業有邏輯性且可行，再談SCM系統導入。

例如：有限/無限產能假設之選擇，及生產力模式建構，還是要依手動作業現實去建構。

D.要使SCM管理數字偏金錢化。不定對SCM KPI，沒有SCM金錢切身感。

E. SCM績效必須與組織績效掛鉤。

F.不可以允許人治及系統治並存，永遠要認同電腦比人腦精確。

G.必須保證SCM訊息之透明/及時/連動力充分。

H.經營規劃及營運策略與大供應鏈規劃，必須緊密結合。

❖ 大供應鏈系統之IT規劃

目標：所有供應鏈體系裡的人，隨時都能同步處理資訊

大供應鏈系統IT規劃邏輯，見圖10-6。

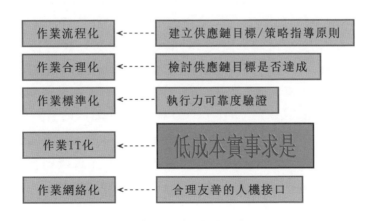

作業流程化	◄------	建立供應鏈目標/策略指導原則
作業合理化	◄------	檢討供應鏈目標是否達成
作業標準化	◄------	執行力可靠度驗證
作業IT化	◄------	低成本實事求是
作業網絡化	◄------	合理友善的人機接口

圖10-6 大供應鏈系統規劃邏輯

大供應鏈SCM說明例：亞馬遜公司正猛砸錢建倉庫及其重點

彭博社報導，亞馬遜公司正猛砸錢建倉庫，展現在電子海灣公司（eBay Inc.）和沃爾瑪公司（Wal-Mart Stores Inc.）強力競爭之際，更迅速把產品交到顧客手中的急迫性。

說明：從有訂單到交貨到客戶手上的週期，是大供應鏈SCM績效的評比！

亞馬遜公司（Amazon.com Inc.）在田納西州查塔努加（Chattanooga）的物流中心費時約10個月興建，在2011年落成啟用，相較之下，較舊的倉庫最多要耗費兩年。這棟建築不僅更寬敞，也配備讓找產品更容易的技術，是亞馬遜2010年以來在50座新設施上豪擲將近139億美元的一部分。這比亞馬遜成立以來花在倉庫上的錢還多，也使倉庫總數在去年底達到89座。亞馬遜已宣佈今年在美國增建5座倉庫。

亞馬遜全球營運暨顧客服務副總裁克拉克（DaveClark）在這座物流中心受訪時說：「我們已標準化流程，大幅提高興建和複製倉庫的速度。」

這項倉庫策略帶有風險。訂單履行已成為亞馬遜最大的營業費用，繼而擠壓利潤率並促使亞馬遜去年虧損3900萬美元。不過eBay和沃爾瑪等對手都各自想出加快配送產品的辦法，使亞馬遜執行長貝佐斯（Jeff Bezos）面臨提升速度的壓力。

富國銀行（Wells Fargo & Co.）駐三藩市分析師尼莫（Matt Nemer）表示：「沃爾瑪和eBay都在想辦法比亞馬遜還快。這也許不是全世界利潤率最高的生意，但他們卻可能在1小時內把東西交到你手中。」

產品能在網上訂購，然後在數小時內送到顧客家門口或鄰

近商店,這塊市場日益成長,各方爭奪的正是老大地位。eBay已在美國部分城市推出當天配送服務,沃爾瑪也逐漸把會計年度2014年的預估營收4820億美元移往網路,這家零售商在全美擁有逾4700家門市,多數距離消費者住家只有幾英里遠。

部分競爭同業不是佈建自己的配送網,就是倚賴優比速公司(United Parcel Service Inc.,UPS)等協力廠商廠商。亞馬遜向Prime會員收取的當天和隔天配送費用是3.99美元起跳,這項年費79美元的計畫包含不限次數兩天配送。非Prime顧客則要付8.99美元起跳。

亞馬遜財務長斯庫塔克(Tom Szkutak)7月25日在電話會議上表示:「隨著訂單履行愈來愈接近顧客,我們已見到成長。」(譯者:尹俊傑)

說明例:小米搞饑餓行銷是不是有一些過了?

個人認為,這是Demand Forecast上的問題,基本上是小米及其整個供應鏈上所有穩健經營的企業,都必須考慮的風險問題。小米所屬的是3C產業,且是新公司。小米不是汽車產業,預測市場需求難度很高。

❖ 大製造系統構建要素思考

▶ 目標:

1.單位時間內人員與資產所產生的收益金額,力求最大化。

2.單位時間內,達成收益金額所需的人員與資產產生的費用成本力求最小化。

即最大化大製造生產力,如圖10-7。

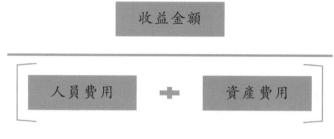

圖 10-7 最大化大製造生產力

大製造系統構建策略指導原則

一‧建立以製造為核心的狼性生態系統。

二‧定位均質制程，把產品直通率做到最大。

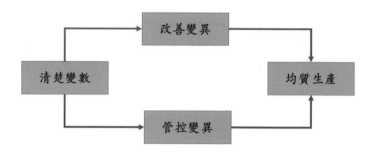

三.製造績效靠有品質的經營，有品質的經營靠工程技術與系統運作。

▶ 大製造系統建構的範圍與流程

依產品開發系統之運作，大製造系統建構的範圍如下圖，見圖10-8。

圖 10-8 大製造系統建構的範圍

► 大製造系統建構的制程設計構建核心

➤➤構建高直通率制程

➤➤定位高均質制程

只有做好這兩項工作，才能把製造生產力做出來。

► 構建高直通率制程的關鍵

定義市場或客戶所需的產品最低出貨要求標準/品質系統標準，以保證產品產出符合要求，例如：

$$CPK=1.33$$
$$CPK=1.5$$
$$6\sigma$$

► 定位高均質制程的關鍵

高均質制程的關鍵在於制程的變異管控要做正確，以下項目為變異管控的關鍵。

A. 定位生產設備本身所需具備準度與精度要求

B. 定位作業所需夾/治具/工具之設計標準/驗證標準

C. 定位關鍵制程參數與優化──實驗設計/田口方法

D. 定位測試參數裕度管控

E. 定位工作場所環境要求標準/驗證標準

F. 定位作業人員的素質要求標準/驗證標準

G. 定位投入生產所需之原料/物料/輔耗材要求標準/驗證

標準

    H. 定位防呆工序,並避免二過

    I. 定位合理的工序與人流物流安排(P/Q/R/S)及SFC

品質工程系統構建規劃

▶ 品質工程構建目標

最大化

1. 產品開發品質工程系統,協助公司達成產品快速開發上市(TTM),使得單位時間內人員與資產所產生的收益金額力求最大化。

2. 品質工程系統協助公司達成最高有效產出,使得單位時間內達成產品快速爬坡與量產(Time To Volume)所需的人員與資產費用力求最小化。

3. 達成出貨即收益(Time To Money),力求銷退最小化。

▶ 品質工程構建策略指導原則

一‧建立滿足目標市場所需的「全面有品質的經營生態系統」,即Total Quality Management,並落地。

二‧確保定位的均質制程被執行，把產品直通率做到最大。

三‧製造績效靠有品質的經營，有品質的經營靠工程技術與品質工程系統運作。

► 品質工程建構的範圍與流程

品質工程建構的範圍與流程與大製造系統建構相同。

► 品質工程的核心構建重點：

1. 確保制程設計滿足高直通率，先零件滿足，再組件滿足，再系統滿足。

2. 確保制程設計滿足高直通率生產之可靠性。

3. 確保高均質制程定位的落實執行。

總結：

大供應鏈系統贏的策略：為客戶節省時間，錢才能進來快些。

筆記

交流訊息：

kcliu@letussmart.com

kcliu@Doubleright.com

第 十 一 章

資源管理

❖ 人力資源管理

▶ 人力資源管理的迷思

「人是企業最重要的資產」，這是一句似對非對的話。如果改成**「對的人，才是企業的資產」**，那才是無爭議的，且是企業能成功運營的最大保證。錯置人才或雇用不對的人，將成企業的最大負債。尋找及培養符合你企業經營需要，且對的人才，絕對是企業得以成長的大戰略。

▶ Foxconn的人力資源戰略思考

根據個人多年的觀察，得到的結論如下：

1.要先定義市場、營運模式、及核心競爭力需求，並做過內部人力盤點及組織規劃後，才開始找人。因此人力資源的大戰略規劃，是存於郭董的腦中。

2.新BU資源之尋找，多從業界找到人後，放在董事長辦公室後，從當董事長特助開始幹，邊幹邊培養。

3.對人才的才能有疑慮就不任用，寧缺勿濫是必須遵守的用人原則。

個人當年進入鴻海集團，可是經過8個月的觀察期，及當時4位VP全投贊成票，並認同我有能力可負責鴻海集團品質總監任務，才被挖進來的。基本上，任何要進鴻海集團的高管，郭董及事業群GM都會面談。任何高管，要進入鴻海集團，必須要郭董親自簽字，人事作業才得以進行。如果在人資的面試品評表上，對面試高管，有任何負面資訊在上面，郭董大概就不會簽字核准進入鴻海集團。

4.如果任何鴻海集團的高管，無法得到郭董100%的信任，

被他推薦的人才，大概都不會被核准進入鴻海集團。物以類聚，成為郭董用人的間接判斷準則。

5.堅守讓企業成長的速度，要高於人才成長的速度。因此，在鴻海集團，高管的職缺幾乎隨時都有，但也幾乎永遠缺人，人才難覓問題永遠存在。

6.新BU的關鍵職位，只有正駕駛才能開飛機，絕不允許新BU出現任何經營風險問題。

7.新BU的用人，必須先找到對的頭，再由頭去佈建體系及人馬，新BU的關鍵職位人才，都會經過郭董相當長時間的富士康經營理念洗腦，並且新進來鴻海集團的人，必須做出績效，並經郭董100%的信任認可，郭董才可能放手少管，否則找對人的工作一定持續不停的進行。

8.郭董極度重視高管，及管控高管的工作內容及時間被用在哪。郭董說：關鍵人才的時間，是鴻海集團最寶貴的資源，必須要列入管控。並且郭董把他大部份的時間，花在對高管之經營與管理能力之提升上。跟郭董開會，主要在於學習郭董的做事理念與方法，反而戰術上的事情討論不多。

9.對員工敢給，更敢要求，一切績效掛帥！郭董說：爭權奪利是好漢，開疆闢土真英雄。就是要能人站出來向他要權做出績效，做出績效後多分利。

10.要背責任的人才，不要管理系統。要真正願戰死沙場的人才，不要活著回來邀功拿勳章的人。

11.每年執行人力評比與汰舊。

12.年所得基本不以月薪資當基礎，以績效獎金及股票紅利為主。

13.用全世界最優秀的華人，替鴻海集團服務。過去大陸製造的彈性，臺灣人的開發能力與責任制，多地域客戶聯合新產品設計，成為鴻海集團成功的典範。

14.鴻海集團對員工能力的考評，就只一句話：沒有台幹、中幹、X幹、美幹之分，只有能幹與不能幹之分。

15.非常重視員工培訓，每年規定員工必須要接受上百小時以上的訓練，而且強調「習比學有效」為主，因此培訓「重武輕文」，所以員工培訓多以內訓動手為主。高階主管之培訓，則以與其開會時之經營理念學習為主，絕不允許高管的思想與其想法相左。

16.堅持沒有不勞而獲之事，希望員工是「Work Hard & Work Smart」！

17.不強調工作輪調以提升經理人的工作廣度及戰略思維高度。經理人欲強化自身工作的廣度及戰略思維高度，得靠自己努力摸索。如果一個經理人只能背郭董語錄而不會思考活用，是很難提升自身工作的廣度及戰略思維高度。

18.善用動員大會做政令宣導，提案改善分享與組織學習。

19.高管的培育，多仰賴郭董自己開會時習學，中階幹部則多數需自己向主管學，比較沒人教。基層幹部則仰賴IE培訓中心。

20.外教要到公司的培訓中心去上課，必須要成為IE培訓中心的合格供應商。站在公司財務管理上看，此出發點立意很好，但因公司限制了全球合格供應商的總數，要增加外教合格供應商變得很困難。並且外教很難瞭解這麼一個龐大的公司該怎麼切入，老瓶老酒代表著老猴子很難耍出新把戲。此也間

接影響了員工的能力養成及員工學習新知的其他機會。

綜合結論，可以歸納為：「找對的人，放對位置，把事做對，高分利」及動手學比教室學更重要，為鴻海集團人力資源管理的策略指導原則。

► Texas Instruments的人力資源戰略思考

TI的人力資源戰略思考，依個人15年工作經歷的觀察如下：

1.用人非常規範化，人力資源的規劃，由人力資源部門依公司營運目標及部門任務，經人資單位規劃與部門經理討論後定稿。人資單位對組織規劃握有大權。

2.招募多以沒經驗的大學生為主。

3.高層職位有缺時，極少用外籍兵團的人，基本上全部以內升為主。

4.職系分技術職系及管理職系兩類，兩者並行。技術職系分成3階，它們是Member Group Technical Staff（技術工作者），Senior Member Technical Staff（資深技術工作者）及Fellow（技術院士）3類。個人於1992-1995年間，因在品質工程上有極深的鑽研，並且落實SPC與田口式品質工程於實務之應用，在制程簡化上產生重大貢獻，而獲得1995年的Member Group Technical Staff頭銜。管理職系必須有帶人，絕不會因人設事。

5.技術職系的人不一定必須管人，其職位職等敘薪及其他福利，同管理職系者。

6.升遷基本以內升為主，能力為首要考評依據，並且是跨部門聯合考評。

7.充份運用IT做Redundant的工作，希望員工是「Work Smart

& Work Hard」。要員工多用腦做事，很重視有創造力的員工。

8.因為有推TQC及方針展開，資訊是透明的，所以績效考核有相當的公正性。

9.按績效給予員工股票選擇權，是主要留才之本。

10.極端重視員工跨專長領域培訓，且員工培訓的內容構面，被允許度極寬。

例如，我在製造單位服務時，申請白天去ERSO學IC ASIC設計，公司就批准。1995年當我離開TI時，當年公司每年允許每位員工有台幣16000的外訓培訓費可報銷，就我在TI 15年期間，培訓費從未用完過。1989年我在國立中興大學念MBA學位，TI也允許我在職學習，這在臺灣本土民營企業基本上不太可能發生。

11.對績效特好的員工，有年中特殊績效加薪。每年有年度加薪制度。

12.重視核心競爭力人員，例如工程人員之加薪金額、幅度高於其他職系者。

13.所有員工在周邊福利上待遇相同，例如出差時，食宿福利不會因人資職位及職稱不同而異。

14.有關鍵人才評核制度(Key Person Analysis)，隨時依公司策略發展，調整內部人力資源，為公司發展做好未來佈局。每一季會理出哪些人是公司的關鍵人才，需要特別留才。

15.強調工作輪調，提升經理人的工作廣度及戰略思維高度，是TI永遠在做的工作。

16.每年執行人力評比與汰舊。績效不好的員工，給予留廠試用通知書(Probation Letter)，另要求其主管提出能力強化計

畫。

　　TI的制度化管理極上軌道，此使得人才的養成速度變的極快。在TI幹了3年的工程師，其解決與處理問題的能力，可能都超過外面幹了6年的工程師。此也呼應了張忠謀說的：臺灣目前不缺學、碩、博士生，不缺基層人才，最缺乏訂出新方向的高階領導人才、中階的經理人才、勇於任事的人才，尤其是把科技轉換有經濟價值、可以為產品增加附加價值的人才。而這些人才的確得自己去培養。

　　在臺灣許多電子公司的高管來自TI，因此TI又被笑稱Training Institute。

❖ 智慧財產管理

▶ 智慧財產的規劃與管理

　　智慧財產是高科技產業在市場競爭中最重要的武器，也是逼退競爭對手最有效的手段，三星與蘋果的專利互咬，是近來最常見的案例。因此對智慧財產絕對要有規劃與管理，以達到進可攻，退可守的目標。

　　說明例：Microsoft 併購Nokia 手機部門之智慧財產處理

　　A. 微軟購芬蘭手機大廠諾基亞看到的智財成交條件如下：

　　1. 芬蘭手機大廠諾基亞（Nokia）或許已將手機事業賣給微軟，不過保留珍貴專利在手，諾基亞未來靠著Android手機製造商挹注的權利金，獲益仍相當可觀。

　　2. 微軟今天同意以37.9億歐元（50億美元）買下諾基亞手機事業，另以16.5億歐元買下諾基亞專利的10年使用權。

229

B. 諾基亞智慧財產的規劃運用：

1.微軟顧問史密斯（Brad Smith）今天表示：「這起交易包括使用諾基亞發明的權利，並不涉及移轉或擁有專利本身。」

2.諾基亞向來擅長操作智慧財產權，2009年曾控告蘋果（Apple），而後雙方達成授權協定。當時兩家公司並未公佈協定條件，不過據統計高達數億美元。

3.對微軟來說，取得、而非買斷諾基亞的專利許可，也符合策略目標。微軟已說服約20家Android製造商支付專利權利金，試圖提高他們使用Google手機作業系統的成本

4.現在諾基亞仍可向同一批Android製造商索取權利金，不過杜蘭特並未透露會鎖定哪些目標。

5.如果微軟買斷諾基亞專利，這種針對Android的包夾戰術可能就沒辦法使用。

6.智慧財產權顧問公司Lumen SV夥伴皮蘭朵茲（Michael Pierantozzi）表示：「對諾基亞而言，出售手機事業、而不賣斷專利，手上必定還有其他材料能運作，可以找回自身價值。」

7.諾基亞發言人杜蘭特（Mark Durrant）對路透社發出的電子郵件說，諾基亞許多專利都還沒授權出去，他們比較偏好保留專利，對抗手機事業的其他競爭者。

8.杜蘭特說：「我們完成（與微軟的）交易、不再擁有自己的手機事業之後，可以考慮授權部分技術的使用許可。」

由以上Nokia被Microsoft併購後，對其自身智慧財產權之處理可看出，任何一家公司，對其本身之智慧財產，必會隨經營策略之改變而改變。即使企業被併購了，智慧財產權歸屬，是另一要談的成交條件。

很難走出中國的小米機平臺【工商時報綜合報導】

A. 小米公司研發的機上盒「小米盒子」近日屋漏偏逢連夜雨。繼優酷土豆起訴其涉嫌內容盜版侵權之後，小米盒子又被深圳同洲電子提起訴訟，稱其侵犯了技術專利。

B. 21世紀經濟報導指出，在智慧手機之後，智慧電視及機上盒已成為IT廠商的最新戰場。小米盒子受盛名之累，近日「棒打出頭鳥」事件頻傳。報導稱，同洲電子市場部負責人劉祥表示，小米侵犯該公司專利，已對小米提出訴訟，案件正由深圳市中級人民法院受理。且該公司還準備提出更多訴訟。同洲表示，針對小米盒子的侵權指控包括遙控器操作相關專利、移動終端介面共用到電視機的方法和系統等。劉祥表示，該公司將會針對第二項侵權另起訴訟。

C. 對於同洲電子的侵權指責，小米內部人士透露，「現在有不少企業都想借小米名氣炒作」。

► 專利的重要：

2015年12月11日，印度德里高等法院日前裁定，小米侵犯了愛立信的專利，並下發了禁令，要求小米停止在印度銷售和進口手機。報導稱，愛立信今年7月曾要求小米為所持有的專利支付費用，但小米並未回覆。根據法院的裁定，小米不能向印度進口任何新手機，也不能推廣或銷售這些產品。這意味著，在解決專利糾紛前，小米可能不能在印度銷售任何手機。

小米手機靠其獨特的網路行銷創新模式，的確為其在中國打下一片天，即便是小米機未來不靠手機平臺營利，未來也將很難走出中國，因為蘋果及三星等大廠有太多專利在前卡關，尤其是在美國及歐洲兩地區。

▶ TI的智慧財產規劃管理

TI對於智慧財產是極度重視的，當年我在服務時，每年都會給工程師發一本專用本子記錄一切工程工作內容，當做專利是TI發展出來，非抄襲的證明。

每年TI都會舉辦內部各地域，及全球的工程發表大會，藉以鼓舞員工創新。TI所擁有的專利，每年為其營收產生重大貢獻，例如D-RAM產品，TI雖然沒生產，但每年仍從專利上賺了不少錢。

TI有專用的法務部門，負責處理專利申請，打專利侵權官司。

▶ Foxconn的智慧財產規劃與管理

Foxconn對於智慧財產是極度重視的，郭董心中對智慧財產的管理原則是把智才變成智慧財，並且進可攻退可守。

每年年底檢討會，郭董都會拿出不少獎金獎勵對智慧財產有貢獻的人。記得個人2006年在群創光電任職副總期間，本單位有一人獲得100萬人民幣專利貢獻獎金。.

在Foxconn，有幾千人的法務團隊專門負責做智慧財產作業宣導，專利申請，侵權分析，與打侵權官司。

❖ 製造生產力之資源管理

希特勒說：邪惡勢力之所以可以壯大崛起，唯一的理由，便是所有的人都袖手旁觀，因為事可以不關己，所以縱容。相同的狀況，企業內之系統運作，有這麼多防線可避免企業出大問題，但問題卻屢屢發生，主要原因也是因為事可以不關己。現在讓我們來看看兩家公司怎麼管製造運營。

► **TI的做法**

TI的企業文化對外強調服務客戶，對內強調專業分工，即專業必須要深，並且層層負責把關，把任務完成。TI強調TQC、方針展開、及Team Work，而且把定位、聚焦、適道做為組織文化之本。如果你只能扛100斤的擔子，TI絕不會要你扛超過100斤，因為TI知道這麼做，可能會因為一個人能力不足掉球，而對公司造成更大的損失。TI期望是，怎麼用團隊的力量完成任務。個人在TI工作時，TI每年對製造生產力的要求是30%的提升，好像從未聽說有做不到的，可見TQC、方針展開、Team Work，及定位、聚焦、適道能發揮的效力有多大。

TI解決袖手旁觀的問題，靠的是聚焦於達成生產力目標，健全的連動運營體系，與橫向的方針展開團隊合作，及強大有效的IT數位管理能力。在TI的製造運營，基本上只抓3個KPI大項目標，它們是產品直通率目標，所有與製造段有關的週期管理目標，及品質目標。由於這3項目標在任何時間點上的現況實跡都在電腦內可以被看到，且與個人的績效息息相關，因此各單位及每一個人均高度關注這3項KPI目標的達成狀況。當有異常發生時，會有更多的人隨時關注問題處理的進展狀況。就我在TI工作的15年時間裡，還真沒袖手旁觀之事可以發生，而出現問題。當真有大事要處理，你對問題的處理狀況可能必須讓很多人同時知道，不然會在不同時間被很多人問。他們的詢問，多數時候是在瞭解解決問題的人是否有需協助之處，而非事不關己，這種文化之形成也使得部門間有高度的交集，不會讓處理問題及運營斷鏈。

► Foxconn的做法

Foxconn的企業代工服務文化強調客戶第一，基本上客戶怎麼說，Foxconn就怎麼做，絕不允許用戶端對Foxconn有任何噪音或不滿，即使怎麼對客戶不滿亦然。

如果客人向郭董反應對某BU的某人不滿，此人大概很難再呆在原BU的工作崗位上了，即使此人所做所為是對的。因此在Foxconn任BU頭的人、工程、PM、品管及供應鏈的人都得很謹慎的與客戶對應。

Foxconn在解決袖手旁觀的問題，則顯得與TI大不相同，靠的是簽字作業，即正駕駛才能開飛機。但正駕駛有時也或眼盲，眼盲是因為設定了太多的沒生產力價值的KPI指針。個人就曾見一個大BU設定了100多個KPI，根本不懂KPI的K(KEY)是什麼意義，結果是這些KPI只是用來應付上級用的，因為沒人真正關注這些KPI。其結果是PDCA的改善完全無法落實。加以組織內沒人願意去做壞人，所以即使出現3呆問題或賠錢，也不是什麼異常。個人認為營運達交率是結果，但如何在「有限資源」下達交才是能耐，也是對BU運營的重大能力考驗。如果BU設了100多項的KPI還賠錢或出現3呆問題，最直接的原因就是組織的目標太多及資源太多與規模太大，導致真正關鍵的事沒人管，或是太多的人，做了太多沒有生產力的事。

❖ 接班規劃

接班規劃是每一家公司都有的問題，但西方公司似乎問題小些。何以東方眾多企業遭遇接班問題？個人看法如下：

1. CEO就是企業負責人，董事會通常不會去處理這項任務。

2.董事會本身就被CEO把持。董事會通常不會去處理這項

任務。

3.董事會不是以新任執行長要面對的未來挑戰,去設定接班候選人的專業能力、經驗、人格特質標準。當企業經營的定位不清楚,沒有未來的經營佈局全盤考慮,使得尋找繼任者人選變成複雜化。

4.董事可能會把尋找繼任者的任務交給現任執行長。但現任執行長很難認同會找到一位比他能力更好的執行長。

5.靠系統運作的公司與靠人治的公司,CEO所需的能耐差異很大。東方企業多以人治,結果是幾乎找不到懂該產業的接班人可以接。

▶ 東方眾多企業為找接班人面對的問題

1.董事會通常對CEO很難放權,特別是財務權。

此形成CEO被綁手。因為CEO的首要任務為穩健經營,即怎麼做好公司的長期自由現金最大化。前Acer CEO蘭奇說得對:用財務管生意,用數字管人。如果CEO沒有掌握財務權,就很難在經營生產力上發揮作用。

2.近親繁殖:

挑選下任執行長人選,多數時候會會流於近親繁殖,客觀性差,甚至人根本就不對。

3.忽視企業接班規畫過程涉及許多派系層面:

接班規畫過程中,如果候選人為單一時,不同派系間競爭會對公司帶來不利的分化,因此董事會與執行長都必須對可能衝擊有所認識,始能有效管理。

4.企業接班人養成倉促:

占接班人所需能力80%的企業經營部份，能力養成不足，面對市場的這部份是需要思考力、洞察力與策略力的，需要有高度與經驗的人。

5.企業過份依賴人治，形成企業接班人所需具備的養成條件太高，造成新企業接班人普遍能力不足，更難交接。東方企業的接班人，不止經營部份要懂，管理部份也要懂！

▶ 什麼是企業平順接班的接班人策略指導原則

對股東而言，在正常的企業接班人議題上，對平順接班的最關心的重點在於企業的穩健經營，即接班程式的穩定性、經營可持續性、與結果可預測性。

▶ 達成企業接班人平順接班的理想規劃內容

企業接班人如為內定，完整的接班規劃，需要3～5年的時間，必須由現任領導人主導，特別需強化在怎麼做生意上。

實現完整的接班規劃，必須經過的幾個步驟。

1.企業必須先定位及掌握自己所處的宏觀背景。

2.企業應該培養多位候選人。

3.執行長候選人必須經過不同單位的歷練，特別是BU經營規劃歷練，培養其經營高度，與強化其管理廣度。企業應該賦予他們更多的責任，給予他們更多的工作挑戰，及觀察其反應及指導其怎麼思考對策。

▶ 企業接班人計畫的可能模式

企業的接班通常是個大哉問，不同的組織文化，也就有不同的繼任程式，比方說在臺灣等亞洲文化地區，家族企業的繼

任問題，經常與歐美的董事會決議模式大相逕庭。

企業的接班可以分為以下類型：

1.加冕型：這類型接班程式由現任CEO主導，且事先已有適當人選，且繼任的人選僅有一位。未來的經營結果，以物以類聚來看，可能有持續性。但如果企業本身就面臨企業經營的彼得原理，則個人並不認為新CEO能很成功的扭轉現況。

2.賽馬型：這類型的接班模式由現任CEO主導，但企業並未內定人選，且現任CEO擁有最後的決定權。此為經營風險較小的模式。感覺起來，目前台積電（TSMC）為此模式。

3.政變型：這類型接班程式非由現任CEO所主導，且該主導者事先已有適當人選。之所以稱為政變型，是因為企業對現任CEO經營績效不滿想撤換，因此未來的經營結果充滿著不確定性。如果企業本身的體系夠好，這種模式通常會被使用。但如企業本身的體系不夠好，最好少用。

4.廣泛搜尋型：這類型接班程式，非由現任CEO所主導，且主導者並無內定人選。如果企業本身的體系夠好，這種模式通常會被使用。但如企業本身的體系不夠好，最好少用。

► TI沒有接班問題

TI的接班人皆由內部培養產生。近2任TI CEO，Tom & Rich在接掌TI時年齡皆在45歲以下，可見TI是間完全可以靠體制運行的公司。

► Foxconn的接班問題，看郭董怎麼說

郭台銘所開出的接班人條件：

一、年齡限制在五十歲以下；

二、有能力經營一個三千億元營業額單位,且要每年成長30%並能賺錢;

三、要有國際運作的經驗。

就個人所觀察,Foxconn內部好像沒人符合這條件,假如郭董放手不管的話。

但如郭董不做進一步放手釋權規劃,Foxconn的接班問題將永遠無解。因為如果郭董不放客戶權、產品權、及財務權,再高階的總經理,充其量只能算是個運營的總經理,絕不可能產出真正能完全獨立,懂做生意、定對營運模式、策略、選對客戶、選對產品、選對技術、選對人才、選對股東、及策略夥伴的18般武藝精通,且符合其所言的接班人經營人才。

▶ 臺灣台積電TSMC公司的共同營運長接班模式

TSMC董事會通過接班人事案,董事長暨總執行長張忠謀昨出面釋疑,董事長不僅不會交棒,在位時還會一直介入營運,計畫交棒的是執行長位置,新設三位共同營運長為創新作法,將培養出未來共同執行長。被核准任命研發資深副總經理蔣尚義、營運資深副總經理劉德音及業務開發資深副總經理魏哲家為執行副總經理暨共同營運長(Co-COO)。

共同營運長模式出現的問題:

晶圓代工龍頭「台積電」,共同營運長蔣尚義,昨天(27日)宣佈將在10月31日退休,董事長張忠謀表示,蔣尚義退休後,將繼續擔任台積電顧問,而研發組織11月開始直接對他負責,董事長張忠謀將親自督軍研發業務。

TSMC未來面對更大的挑戰將是,怎麼做CEO年輕化。

▶ 臺灣統一公司的接班安排

高清願，辭去統一董事長一職，他表示，這是合宜的時機，可以放心的、安心的把責任交出去，以後要快樂的當個董事，這也代表，接棒的羅智先，肩上的責任更重了，同時，他要如何帶領統一成為世界級食品集團，外界也相當關切。

羅智先一直以來的管理風格就相當衝擊像統一企業這樣傳統的食品業，他強調績效，重視制度，而且追求簡單的聚焦經營，所以從2007年就任總經理後，一直努力在建構制度，他認為，企業不可能單靠個人，所以制度及人才的培養很重要，為了培養主管候選人，要求統一跟統一超商整理名單，找出35歲以上、50歲以下的人，兩家公司各交出100個人，集中送到人力資源部，這樣以後要挑人時，就有一個籃子去挑。

由此可看出重視績效，重視制度，而且追求簡單的聚焦經營去培養人才，是比較有效率的交班做法。

▶ 大陸民企的接班問題──六成廣東「富爸爸」憂家業中斷

廣東省1項針對「富二代接班」的調查顯示，6成民營企業的「富爸爸」希望子女接班繼承事業，但51%受訪者擔心子女無意繼承，6成認為接班人的自身能力不足。

多位受訪的「富二代」表示，最大的困擾是不知如何接手「中國式」的人際交往方式和溝通技巧，對父輩的複雜人際關係無從入手。1位「富二代」甚至坦率表示，自己恐怕永遠也學不會父輩們的心靈嘴巧、人情練達。

由此也可看出中國民營企業的第二代在企業經營承接上的思路是極端特殊的！如果接班繼承事業重點只放在複雜人

際關係的入手，相信接班繼承事業而發生掉鏈子之事，絕非意外。

▶ 東方企業接班人養成的建議做法

首先，我個人認為東方企業接班人養成，必須先設以下目標。

1.接班人必須具備有格局、佈局及步局的能力，並且能將格局變成佈局；以及將佈局變成步局的落地能力。

2.具備有狼帶羊群，羊變狼的生態鏈能力。

3.具備有以長期自由現金最大化為本的經營能力。

▶ 東方企業接班人養成的策略指導原則

企業接班人養成必須使公司能達到下列三因數之長期穩定運轉，如圖11-1。

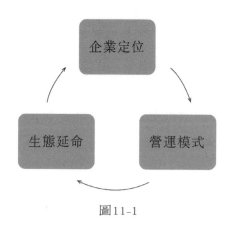

圖11-1

而這必須建立在企業接班人具有思考力、洞察力、與策略力之上。

▶ 東方企業接班人必須具有的目標經營能力

分析市場趨勢力

定位企業經營

規劃與落實營運模式

制定經營策略

佈局組織,及找對的人、放對位置、把事做對

建置符合企業經營與營運模式所需的國際化運營系統

以IT資料做為KPI與執行力的衡量指標管理經理人

以客戶體驗攻善,引領創新

▶ 東方企業接班人的思考力養成

接班人的養成成敗,取決於接班人是否具有面向未來所需之敏銳視覺與應變能力,因此必須把重心放在思考力的培養上。要培養思考力,則必須兼具學與習,而且習的思路、執行、與落實後的檢討必須觸類旁通且極端敏銳,以避免事不關己而掉鏈子的事發生,並且習比學更重要。更多的習,一定帶來更多有體驗的學,如此才能形成習與學的良性滾動迴圈,進而使得接班人的能力得以不斷成長,而這也是企業接班人養成上最困難的工作。由於東方企業的運營通常偏人治,思考力的培養,就變得更為重要。

企業接班人如果沒有思考力,就不會有洞察力,更不會有策略力!如果讓這種人當CEO,對企業本身及CEO都是災難!因此個人建議企業接班人養成走以下模式,並以不同產業、不同產品、非競爭者成立一小團隊,共同提出個別經營問題,共同討論如何解決個別問題,當成「習」去落實,並檢討結果與經驗分享,才可能練就出企業接班人所必須具備的思考力與洞察力。

► **東方企業接班人的養成建議做法**

作法一：抱團習學法

　　個人認為接班人的思考力能力養成，必須是具有越多的經營閱歷越好，如果只是接受一位能力一般的CEO培養與調教，並不是極為恰當，理由是東方企業的運營系統通常不完善，相較於歐美企業，東方企業的接班人需較歐美企業的接班人，在經營知識面上必須要懂得更多。因此個人認為比較恰當的做法為抱團學習，即由多位CEO候選人一起學，而且這些CEO候選人皆來自各個不同產業，除共同學習之外，更必須提交企業本身所可能或正在面對的問題供討論及實做試驗，並檢驗落地結果，如此才能教學相長，共同成長。透過這種學習模式，企業的接班人，除了必須換腦袋才能坐上CEO的大位外；更要在坐上CEO的大位後，有能力自己主動再換腦袋，企業才能長治久安。茲列出其可落地學習模式如下供參考：

・公司指定人（同一公司不多於3人）（固定）

・抱團參與公司上限數：6

・習學養成方式：50%實地指導＋50%上課

・6小時/1次/2週，最好週六學習，平日為日常工作歷練，以洞察問題為主的學，並以解決實務問題為主的習及思考。

・總歷時：約2-3年時間

・地點：以不同性質或產業公司的工作現場，輪流做為實地培訓基地，增加接班候選人在各種環境下的思考力磨練。

・學習方式如下圖11-2所示：

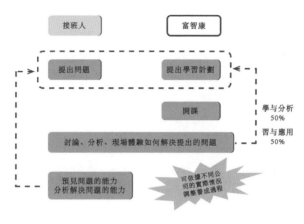

圖 11-2

　　就個人之觀察,透過學及習及結果檢討互動,做為思考力及洞察力之培養,才是培養企業內部接班人最有效的方式。沒有眼到的學,是看到了,不代表是看透了看懂了,就是心盲。心盲的人是白忙,是沒能力幹CEO的。

▶ 看看富士康郭董怎麼教

　　1995-1998年期間,郭董為了使其弟弟,能從中央週邊的一位經理人轉身成為一能擔大任的總經理,每天投入給其弟弟之口述「學」、及現場動手「習」、與「結果檢討」之時間,不少於每天4小時。事實證明,嚴師出高徒,的確很快見到郭台成總經理飛躍成長的成效。

作法二:狼性訓練法

　　這種做法為接班人選已內定。作法是把現有組織切割成2個不同的BU,一組為現有團隊,一組為接班團隊,並在接班團

243

隊中加一組顧問團隊,讓有能力的顧問團隊全力協助接班團隊做運營,並與現有的運營團隊做經營績效的PK大賽。如果3年內接班團隊得以勝出或不相上下,則接班團隊應可順利接下另一BU運營,並順利完成接班。如果敗了,代表接班團隊尚需磨練,或必須重新調整顧問團隊,以便接班團隊整軍經武,重新佈署再戰,直到接班人接下CEO位置為止。

這種做法的好處是,企業經營的風險極低,且可平順接班。但必須要妥善選擇真正幹過類CEO位置的人當顧問,否則就是白搭。

您的企業如果有企業的接班人養成需求,可與我們連絡,我們有一整套的輔導計畫。

服務網址:(WWW.LETUSSMART.COM)

筆記

交流訊息:

kcliu@letussmart.com

kcliu@Doubleright.com

第 十 二 章

面對歐巴馬重振
美國企業雄風的對策

❖ 美國製造業的競爭弱勢在哪？

在美國生產一支智慧手機，會比在中國生產的成本貴多少？

Google(GOOG-US)宣佈其摩托羅拉單位新推出的旗艦機Moto X將在德州生產。每支Moto X的製造成本，僅比蘋果的iPhone 5或三星Galaxy S4這兩款在中國組裝生產的智慧手機多出3.5至4美元。在產業紛紛出走遠東之際，Google可謂完成一個壯舉。在美國製造高階設備，這也有一些先例。

❖ 製造業搬回美國的成本問題

去年，蘋果執行長庫克(Tim Cook)意外宣佈，蘋果部分麥金塔電腦的產線將轉移回美國。但別期待打上『美國製造』就可以引起市場革命。雖然Moto X是款好手機，但也沒有人預期它的銷售量可以媲美iPhone或Galaxy S系列手機。同樣的，以銷售量區分，麥金塔電腦也是蘋果「4大核心產品」最少的那一個。過去4季，蘋果麥金塔銷售量1700萬台，遠遜於銷量高達1.38億支的iPhone。假設蘋果在美國生產的iPhone，每支成本也多4美元，那麼結果就是總成本增加5.5億美元，這對一家已經在努力遏止利潤縮減的公司來說，根本連想都不用想。

❖ 製造業搬回美國的其他問題

如果只從成本這樣的假設思考製造業重返美國，也可能太低估了其困難度，因為移回美國生產，可能的成本包括加強國內工廠設備和人力訓練。但以每支貴4美元來說，成本顯然不是唯一的問題，真正的阻礙在於供應鏈上的運行速度和人員的教育訓練。不像美國工廠，富士康和其他中國工廠生產線的員工住在宿舍，可以片刻通知就讓數千數百名員工趕往產線，中

國勞工也較願意長時間工作，也較能忍受艱困的工作環境。這樣的運作系統可讓科技公司更有效率生產。

此外，科技廠大多數的零件供應商也位於中國或其他亞洲國家，因此科技廠即便到最後一刻仍有修改產品設計的彈性，尚能即時出貨。相較美國，中國擁有更多的技術熟練的工程師及更好的SCM服務配套。

蘋果曾表示，公司聘雇了3萬名產業工程師，在現場支持工廠工人——這樣的人數根本不存在於美國。蘋果庫克去年接受《AllThingsD》訪問時表示：「教育體制必須從根本改變，才能拉回一些勞力。」

❖ 美國待解決的製造業根本難處

製造業一直是維持經濟發展的關鍵。為重振製造業，美國正在嘗試多種方法，包括提升員工的制程設計技能，以及從教育著手，推動全新的教學方法在內，以期望解決企業過去全面製造外包所造成的後遺症。

企業管理階層、教育工作者、現任和前任政府官員，以及前國會議員等，都對於現階段美國製造業基地嚴重遭受侵蝕，以及如何讓美國重新獲得全球競爭力而憂心忡忡。

許多人認為，勞力成本和能源消耗並不是主要障礙，美國需要的是重新創造出一種靈活、可由設計驅動的製造業模式，以及用於訓練下一代機械、工程和技術經理人員的嶄新、模組化的培訓方法。

美國政府已開始著手探討如何解決美國境內製造產業所面臨的產品設計與產品開發間斷層的困境，以及再培訓美國製造業從業人員所面對的艱難挑戰。

專家們一致認同，新一代的製造業從業人員必須具備能符合現代製造業要求的，具有高直通率的制程所需的可製造性設計(Design For Manufacturability)技能，以及許多所謂的「軟性技能」在內，例如制程設計中，與產品製造關鍵相關的Form、Function、Fit工程能力評估、專案領導能力、協作能力等。但美國現在面對的最大困難在於，這些關鍵製造作業都已外移不在美國，要培育具有這類技能的製造業從業人員，有先天的環境條件問題。

因此，美國政府正在尋求能促成當地製造業聚落發展的途徑，他們希望利用美國當地和區域製造業的特點來推動製造業的發展，包括位於美國中西部的耐久財製造業，以及集中在西南部的高科技產業等。另外，還包括了優良的通訊基礎設施和一流的大學等等。

定義發展製造業所需的量產基礎技術，以及研發新材料和製造方法，是推動美國境內形成區域性和國家集產業聚落的下一個步驟，他說。而所有這些努力，都可幫助美國製造業轉變為更靈活、變成設計驅動型的製造產業，在全球競爭激烈的科技產業中以創新產品脫穎而出。

然而，勞力密集型的製造業已經不可能再回到美國了。麥肯錫的資深顧問說，未來製造業涉及的層面非常廣泛，包括了科技、自動化、工程技能，以及更多複雜的任務……這些都需要設計，需要3D CAD繪圖，更需要特別的技能以確保高品質。他以噴射機和火箭引擎為例，這些設備不僅具有高度的策略性意義，而且需要極精密的製造和加工技術。

前美國國會科學委員會主席表示，要推動美國製造業復甦，最終仍將回歸到培育更多技術勞動人口層面。你需要的是

擁有熟練技能的工作人員」，才能在全球市場競爭。

❖ 美國政府的對策

以上的分析可以看出美國政府在對應美國製造業，關於製造業產品開發與大量生產斷層所做的工程再造(Re-Engineering)思路，美國政府把重點放在：

1. 勞力密集型的製造業，不是美國製造業要的。

2. 美國需要的是重新創造出一種靈活、可由設計驅動的製造業模式，以及用於訓練下一代機械、工程和技術經理人員的嶄新、模組化的培訓方法。

3. 要推動美國製造業復甦，最終仍將回歸到培育更多技術勞動人口層面。美國需要的是擁有熟練技能的工作人員，才能在全球市場競爭。而這些擁有熟練技能的工作人員，未來會來自設計驅動的製造業模式，而不是現行產品開發斷層的既有工作模式。

4. 利用創新的設計加持產品開發的技術整合模式，為未來製造業的發展趨勢，以美國在全球軟硬體上創新與設計的領導地位來看，美國的努力很可能把目前產品開發的技術模式，變成簡單化而落地實現，從而把美國製造業的產品開發缺口補起來。

❖ Foxconn的對應

亞利桑那州州長布魯爾(Janice Brewer)經貿訪問團，近期拜訪鴻海土城總部，鴻海董事長郭台銘親自接待。郭台銘表示，世界在改變，美國也在改變，亞利桑那州也在改變，這次亞利桑那州州長來台招商，首站來到鴻海，對此感到欽佩。

郭董說，亞利桑那州帶來許多投資優惠，對高科技產業政策具有吸引力，希望臺灣高科技產業可以聯手一起去，不單打獨鬥，創造力量。鴻海董事長郭台銘表示，美國當地大企業包括Google、亞馬遜(Amazon)、臉書(Facebook)等，希望鴻海在當地提供快速樣品能力和新產品開發能力。

郭台銘說，每個大企業總部所在地國家，都會要求大企業多在當地提供工作機會，尤其美國總統歐巴馬喊出「made in USA」，蘋果會在亞利桑那州設廠，一點也不意外。這也證明亞利桑那州也是一個很好的州；蘋果的選擇是正確的選擇。

他表示，亞利桑那州州長今天來訪鴻海，不是為了單一客戶或廠商，亞利桑那州已經準備1到2年時間，與鴻海接觸；亞利桑那州希望鴻海到當地做製造。

郭台銘表示，蘋果本身不做製造，從新聞得知，蘋果也找美國廠商做製造；鴻海去美國做製造，和蘋果是兩件平行的事情；鴻海有很多產品例如大電視，比較不適合從亞洲做送到美國。

郭台銘指出，考慮投資亞利桑那州，希望發揮當地很好的環境、教育、社會基礎建設，把更多製造技術能力搬去，讓當地經濟科技快速發展，讓美國會贏，臺灣高科技和製造會贏，鴻海也會贏。

郭台銘今天晚間在華府宣佈，將以兩年時間、挹注3000萬美元擴充賓州哈立斯堡（Harrisburg）富士康美東公司，同時也要以1000萬美元資金，與卡內基美隆大學教授與鴻海團隊合作進行機器人自動化科技研發。

郭台銘接受訪問時強調，全世界製造業都在改變，年輕一代希望發展網路、軟體與服務業，會把製造業人才大量吸走，必須要預做準備，而且要外銷轉內銷，接近市場，因此美國、中

國大陸甚至歐洲，鴻海都不會放棄。

郭台銘說，一、兩年前就考慮要把一部分製造業搬回美國，但不能從零開始，鴻海在賓州哈立斯堡投資10幾年，加上賓州地理位置好、教育水準高，精密機械製造環境好，因此決定在賓州擴充，打造高價值製造業基地。

儘管賓州投資案早已規劃，郭台銘表示，自己一直沒有時間到美東，這次隨前副總統蕭萬長到紐約，抽空8小時趕到賓州與州長親自晤談，才加速這項投資案進行，因此他非常感謝蕭前副總統給他機會到美國訪問。

不過，對於鴻海擴充美國生產基地，是否會影響中國大陸就業機會，郭台銘強調，美國要的是高科技製造業，不會一下子把簡單製造搬到美國。

同時，郭台銘分析，目前低階員工很難找，全世界製造業都在轉型，早在3、5年前即提出機械人自動化概念，比較單調簡單工作應該交給設備與機械做，因為服務業會吸走製造業大量人才，必須預做準備。

郭台銘說，美國與美國政府都在改變，對招商不遺餘力，但在美國製造生產，人工成本相對高昂，不走自動化不行，鴻海擴充在賓州富士康美東公司，預計聘雇500名新員工，對包括連接器、精密模具與汽車電子化等精密產品，進行研發、製造與生產。

以上的分析可以看出Foxconn郭董在對應歐巴馬關於製造業回流美國的一些想法與思路，重點放在：

1.即早參與美國需要可由設計驅動的製造業模式，以及用於訓練下一代機械、工程和技術經理人員的嶄新、模組化的培訓方法接軌。事實上，因Foxconn強調永不放棄製造，這點對

Foxconn是極其重要的，因為這麼做是佈局未來，讓Foxconn更有能力應對其在面對全球製造競爭中的變局，及提升企業的製造生產力。

2.從供應鏈的總成本上去思考，怎麼在美國做製造，以達成雙贏。

3.與美國高校及美國高科技公司共同發展高科技化製造，不但能在高科技製造上提早做智財佈局，並得以同時及早解決目前製造業大量使用直接人工及找人困難的困境。

❖ 中國企業面對歐巴馬重振美國製造業雄風應有的建議做法

過去30年由於美國企業為了降低製造費用，執行製造業外包，使得許多美國的製造業公司因生產力不足，無法生存而消失，因此造成美國製造產業所需的關鍵製造人力斷層，導致美國嚴重缺乏製造產業所需的基礎產品開發人才。美國缺乏製造產業所需的產品開發人才，意謂著執行製造業核心所需的快穩準做法，美國沒有。再加上美國人的工作文化與生活方式理念與亞洲人之差異，多數人或認為即使美國製造產業向應歐巴馬重振美國製造業雄風的呼喚，重回美國，但重振美國製造業雄風並不樂觀。

個人認為，如果中國企業向應歐巴馬重振美國製造業雄風的呼聲，到美國投資製造業，未必一定是壞事，因為：

1.電費、燃氣便宜。美國已是全球第一大石油生產國，並且也是石油出口國。

2.政府政策鼓勵扶植製造業，現在是機會。

3.許多客戶並不願在其整個供應鏈上備大量庫存，積壓現金。事實上是，如果在美國製造，交易成交條件應多可重談，有

機會雙贏。

4.更貼近美國市場，應有更多生意機會，尤其是品牌公司。除有機會進攻美國市場，在美國製造的產品或許也可能回銷亞洲，尤其是中國。如果產品有特色及客戶體驗，「美國製造」可能更能賣出好價錢。

5.與世界最先進的高科技化製造技術一起成長。

6.如果你能就地在美國做小量製造服務，就有更多機會在當地接單，在中國做大量，生產然後再出貨美國。

但到美國設製造工廠，絕對不是一件容易的事，必須做好以下工作：

1.通盤考慮前進美國的目的，並且寫下來

例如，你有實力，想去拿夢幻客戶的訂單，並成為其第一供應商，並占主要供給份額，那這是機會。但當你思考目的時，必須與目標客戶的期望利益相結合。

2.必須以製造執行快、穩、準為指導原則，想清楚什麼產品過去?營運模式怎麼運作，及怎麼做全球佈局?例如，各營運單位的定位、存在目的、營運目標、策略、正確的組織規劃、與資源配置，都必須想清楚，並盡可能把費用中心變成利潤中心去經營，以降低管制失控產生。

3.必須以什麼是產品的定位工件去想，整條大供應鏈模式該怎麼架構，才更有效率。

4.想清楚要在整條大供應鏈上賺哪一段的錢?怎麼用核心競爭力去賺?

製造產業前進美國，一定是企業國際化的結果呈現，除了營運模式與策略要對外，執行段的落地也不是一件簡單的事，

因此你也必須做好：

1.公司的體系必須架構成國際化的體系，請再詳見第8章各章節內容。

2.組織規劃也必須要跟得上國際化運營的需求。必須要以夷制夷，而且要懂得怎麼管。要懂得怎麼做組織的專業分工，以提升國際化運營的生產力，縮短供應鏈上及組織專業分工上的各環節週期。產品及零元件週期管理，絕對是國際化運營最重要最重要的要項。

3.牽涉到國際化運營的系統，一定要充分IT化，以減少溝通障礙及增強經營管理的透明度。

4.必須妥善規劃如何使費用中心成為利潤中心，以培養狼性經營。

5.在製造國際化思維下，不能用低人工成本的模式去思考量產模式，必須以怎麼降低人工費用的量產模式去定義制程設計。也就是說，國際化運營的系統，必須以怎麼做得到「均質」為策略指導原則，一切要避開「人治、人理、人管」，因為人是均質生產的最大變異！如果你期望把在中國的生產管理模式帶到美國去用，而不做改變，那製造績效可能非常非常的慘！

6.必須想怎麼把制程直通率一次做到最好，且與人無關，而且不要規劃重工。

7.你的制程設計，絕不要讓作業人員還有其他想法或犯錯。要以人工智慧/治工具及IT系統做好防呆工程。

8.在國內先打造一條專屬的製造國際化生產線先試運行，以量試國際化運營的可能性，避免一走進製造國際化的領域就碰一鼻子灰而損失慘重。

筆記

交流訊息：

kcliu@letussmart.com

kcliu@Doubleright.com

國家圖書館出版品預行編目資料

撥霾轉型—向鴻海富士康與德州儀器學經營 /劉克琪

-- 初版-- 臺北市：博客思出版事業網：2018.0 7
面； 公分
ISBN：978-986-95955-5-1(平裝)
1.企業經營 2.企業管理
　　　　494.1

商業管理 6

撥霾轉型—向鴻海富士康與德州儀器學經營

作　　者：劉克琪
編　　輯：楊容容
美　　編：楊容容
封面設計：塗宇樵
出 版 者：博客思出版事業網
發　　行：博客思出版事業網
地　　址：台北市中正區重慶南路1段121號8樓之14
電　　話：(02)2331-1675或(02)2331-1691
傳　　真：(02)2382-6225
E—MAIL：books5w@gmail.com或books5w@yahoo.com.tw
網路書店：http://bookstv.com.tw/ http://store.pchome.com.tw/yesbooks/
　　　　　三民書局、博客來網路書店 http://www.books.com.tw
總 經 銷：聯合發行股份有限公司
電　　話：(02) 2917-8022 傳 真：(02) 2915-7212
劃撥戶名：蘭臺出版社 帳號：18995335
香港代理：香港聯合零售有限公司
地　　址：香港新界大蒲汀麗路36號中華商務印刷大樓
　　　　　C&C Building, 36,Ting, Lai, Road, Tai,Po, New,Territories
電　　話：(852)2150-2100 傳 真：(852)2356-0735
經　　銷：廈門外圖集團有限公司
地　　址：廈門市湖里區悅華路8號4樓
電　　話：86-592-2230177 傳 真：86-592-5365089
出版日期：2018年 7 月 初版
定　　價：新臺幣350元整（平裝）
ISBN：978-986-95955-5-1